高等学校智能建造应用型本科系列教材

高等学校土建类专业课程教材与教学资源专家委员会规划教材

智能化施工机械与装备

江苏省建设教育协会　组织编写

李　钢　赵延喜　主　　编

闵信哲　邱胜海　刘　磊　副主编

黄家才　张文福　主　　审

中国建筑工业出版社

图书在版编目（CIP）数据

智能化施工机械与装备 / 江苏省建设教育协会组织编写；李钢，赵延喜主编；闵信哲，邱胜海，刘磊副主编. -- 北京：中国建筑工业出版社，2025.7. --（高等学校智能建造应用型本科系列教材）（高等学校土建类专业课程教材与教学资源专家委员会规划教材）.

ISBN 978-7-112-31302-0

Ⅰ. TH2-39

中国国家版本馆CIP数据核字第20257HU798号

本书是高等学校智能建造应用型本科系统教材，高等学校土建类专业课程教材与教学资源专家委员会规划教材。本书共 8 章，较为系统地介绍了在土木工程和交通工程中广泛使用的各种新型施工机械的基本构造、工作原理、主要性能、应用范围和选用方法，重点阐述了各类施工机械与装备实现智能化的途径、技术特点、应用案例和发展趋势；内容包括智能化施工机械与装备概述、土方施工智能化机械与装备、起重吊装智能化机械与装备、混凝土浇筑施工智能化机械与装备、钢结构件智能化加工装备、地面工序与墙面工序智能化施工机械与装备、施工现场监管智能化装备和建筑施工智能化机械与装备的信息化管理。

本书内容针对基础建设工程的实际，选择了应用广和有代表性的新型智能化机型，书中配有大量结构插图，内容丰富、新颖、系统全面，叙述简明扼要、通俗易懂，具有很强的实用性。

作为对内容的补充和深化，本书还附有数字资源，帮助读者获得直接感性认识的视频文件、动画文件和仿真文件。

本书可作为高等学校智能建造、土木工程及其他土建类专业的教材，也可作为专业技术人员培训使用。

为了更好地支持教学，我社向采用本书作为教材的教师提供课件，有需要者可与出版社联系，索取方式如下：建工书院 https://edu.cabplink.com，邮箱 jckj@cabp.com.cn，电话（010）58337285。

策划编辑：高延伟
责任编辑：仕　帅　吉万旺
责任校对：李美娜

高等学校智能建造应用型本科系列教材
高等学校土建类专业课程教材与教学资源专家委员会规划教材

智能化施工机械与装备

江苏省建设教育协会　组织编写
李　钢　赵延喜　主　编
闵信哲　邱胜海　刘　磊　副主编
黄家才　张文福　主　审

＊

中国建筑工业出版社出版、发行（北京海淀三里河路 9 号）
各地新华书店、建筑书店经销
北京雅盈中佳图文设计公司制版
天津安泰印刷有限公司印刷

＊

开本：787 毫米 ×1092 毫米　1/16　印张：$12\frac{1}{2}$　字数：281 千字
2025 年 8 月第一版　2025 年 8 月第一次印刷
定价：48.00 元（赠教师课件及配套数字资源）
ISBN 978-7-112-31302-0
　（44714）

本系列教材编写委员会

出版说明

　　高质量发展是全面建设社会主义现代化国家的首要任务。发展新质生产力是推动高质量发展的内在要求和重要着力点。因地制宜发展新质生产力，统筹推进传统产业升级、新兴产业壮大和未来产业培育，关键在于科技创新，在于人才支撑；培养高素质人才，关键在于教育。

　　建筑业作为我国传统产业，是国民经济的重要支柱。近年来，随着人工智能、大数据、云计算、5G 等技术快速发展，数字化转型成为行业的重要趋势。国家及地方政府出台一系列政策，加快推动了智能建造与建筑工业化协同发展，国家发展改革委等部门发布的《绿色低碳转型产业指导目录（2024 年版）》明确将"建筑工程智能建造"纳入其中，建筑智能化成为未来建筑业发展的主要方向。基于推进教育、科技、人才"三位一体"协同融合发展，培养高素质应用型人才，满足建筑行业转型升级需要，江苏省建设教育协会联合徐州工程学院、南京工业大学、苏州科技大学、扬州大学、南京工程学院、盐城工学院、东南大学成贤学院、南通理工学院八所高校及中国建筑工业出版社，组织编写了这套"高等学校智能建造应用型本科系列教材"。

　　根据建设项目全过程及应用型院校课程设置实际，策划了智能设计、生产、施工、运维与管理、施工设备及测绘等系列教材，包括《建筑工程数字化设计》《建筑工业化智能生产》《建筑工程智能化施工》《建筑工程智能化运维与管理》《智能化施工机械与装备》《工程智能测绘》，每本教材分别围绕智能建造一个方面展开，内容相互衔接、互为补充，共同组成一个完整的智能建造知识体系。

　　为确保本套教材的科学性、权威性和实用性，本系列教材采取协会协调组织、多校合作、专家指导、企业和出版单位参与的模式编写，邀请业内知名专家担任主编和审稿人，对教材大纲和内容进行严格审核把关。同时，中亿丰数字科技集团有限公司等多家企业为教材编写提供了丰富的实践素材和案例。

　　本系列教材编写遵循以下原则：

　　一是系统性。系列教材围绕项目建设过程中的数字化设计、工业化生产、智能化施工到智能化运维管理等方面，构建了完整的智能建造知识体系。

　　二是实用性。系列教材注重理论与实践相结合，通过具体的案例分析，使读者能够更好地理解并运用所学知识解决实际问题。

　　三是前沿性。系列教材紧密关注智能建造技术的最新发展动态，将 BIM、GIS 等前沿技术融入教材，使读者能够了解并掌握最新的智能建造技术和方法。

　　四是易读性。系列教材语言简练，图文并茂，并附有数字化资源，易于读者理解和掌握。

本系列教材主要适用对象为土木工程、工程管理、智能建造等相关专业的本科生、研究生以及建筑工程行业的广大从业人员。希望通过本系列教材，能够帮助相关专业学生和从业人员了解智能建造的基本原理、技术方法和发展趋势，培养他们的创新思维和实践能力。读者在使用本套教材时，可根据自身的专业背景和实际需求，选择适合自己的教材进行学习。同时，鼓励读者将所学知识应用于实践，通过实际操作加深对理论知识的理解和掌握。此外，为方便读者随时随地进行学习和交流，我们还将提供线上学习资源和交流平台。

最后，诚挚感谢参与本系列教材编写的各位专家、学者和企业界人士，正是诸位的辛勤付出和无私奉献，才使得本系列教材得以顺利付梓。

尽管竭诚努力，但由于编者的水平和能力有限，教材难免有不足之处，恳请各相关院校的师生及其他读者在使用过程中给予批评指正，并将宝贵的意见和建议及时反馈给我们，以便在将来修订完善。

江苏省建设教育协会

前　言

中国是基建强国，基建实力为世界瞩目，基建施工中需要大量的机械设备，包括工程起重机械、土方机械、桩工机械、钢筋机械、混凝土机械等。这些设备能够提高施工效率，改善施工质量，促进安全，降低施工成本。进入21世纪以来，随着信息化、网络化、移动互联、云计算、大数据等新技术发展，人们对建筑物功能性的要求发生变化，"智能建筑"的概念随之提出。与此同时，施工技术也不断朝着智能化方向发展。所谓智能施工技术是指在施工建设中，运用先进的计算机科学、通信技术、人工智能、物联网等技术手段，实现对施工过程的全面数字化、智能化和一体化管理。在这一过程中，智能化施工机械与装备起到了不可或缺的决定作用。

智能化施工机械与装备包括两个方面：其一是随着传统施工机械的自动化、无人化和智能化水平提升，智能挖掘装载、智能摊铺压实、智能塔式起重机、智能盾构等机械装备不断被研发出来并得到应用；其二是工业上的机器人技术、无人机技术、增材制造技术被转而应用到建筑行业，地面整平机器人、抹平机器人、砌墙机器人、乳胶漆喷涂机器人、墙面打磨机器人以及混凝土3D打印机不断涌现出来。智能化施工机械与装备行业呈现出方兴未艾的喜人发展局面。

正是在此背景下，根据江苏省建设教育协会和中国建筑工业出版社共同规划，由南京工程学院、徐州工程学院多家高校联合，在中亿丰建设集团股份有限公司大力支持下，编写出《智能化施工机械与装备》教材。

本教材在编写和内容安排上具有以下特色：

（1）知识的体系。建筑施工机械与装备有一个比较完整体系，有相对固定的门类划分。本教材希望能尽可能保持该体系的完整性，并在此基础上，让学生能感受到整个建筑施工机械装备体系向着智能化发展总体趋势。

（2）知识的传递。传统施工机械是智能化施工机械的基础，本教材遵循从传统到智能的知识传递路线，先对传统施工机械的类型、构造、工作原理和使用管理方法作介绍，再对智能化施工机械技术特点进行阐述。这也使得本教材在使用上可以完全替代《建筑施工机械》这样的传统教材。

（3）知识的共性和个性。目前虽然智能化施工机械发展较快，但要门类尚不齐全，在施工现场普及，还有很长一段路要走。所以本教材考虑以案例作为智能化施工机械主要教学内容，并通过这些个性案例，重点让学生了解施工机械装备智能化发展中共性关键技术。

本教材内容包括：第1章智能化施工机械与装备概述，介绍智能化施工机械与装备的概念、主要类型、应用领域以及发展方向；第2章土方施工智能化机械与装备，介绍挖掘机、装载机、压路机等土方施工常见机械装备的类型、构造及其适用场合和作业要求以及土方施工智能化机械装备的技术特点、应用实例及发展趋势；第3章起重吊装智能化机械与装备，介绍塔式起重机、履带式起重机、汽车起重机、卷扬机等起重吊装设备的类型、构造及其适用场合和作业要求，学习和理解智能吊装设备的传感器系统、环境感知系统和智慧运营系统，了解智能起重吊装机械装备的关键技术、工作原理、适用场合和施工技术要求；第4章混凝土浇筑施工智能化机械与装备，介绍混凝土搅拌站（车）、混凝土泵车、混凝土振动器、混凝土铺设机等的类型、性能和构造等特点，智能混凝土搅拌站、智能布料机、智能振捣器、智能铺设机、3D混凝土打印机等技术发展前沿；第5章钢构件智能化加工装备，主要介绍钢结构智能化制造装备的关键技术、工作原理、适用场合；第6章地面工序与墙面工序智能化施工机械与装备，介绍地面与墙面工序中智能化施工装备的关键技术、构造组成和施工技术要求；第7章施工现场监管智能化装备，介绍施工监管和施工质量监控的主要内容与现有措施，智能监管装备的技术需求，使学生了解智能巡检机器人和无人机的关键技术、工作原理；第8章建筑施工智能化机械与装备的信息化管理，使学生了解智能施工机械与装备的信息化管理目标、管理内容、管理制度以及如何构建一个信息化管理系统，并掌握典型施工机械与装备的信息化系统的应用。

本书可以作为应用型本科智能建造专业、土木工程专业等相关专业教材，也可以为从事智能施工的专业技术人员所参考使用。

全书由李钢、赵延喜主编，负责全书的统稿。徐州工程学院刘磊编写第1章，南京工程学院李钢编写前言和第2章，南京工程学院孙小肖编写第3章，南京工程学院赵延喜编写第4章，南京工程学院曹石编写第5章，南京工程学院闵信哲编写第6章，南京工程学院顾临皓编写第7章，南京工程学院邱胜海编写第8章，江苏省建设教育协会李佳欣、中亿丰建设集团股份有限公司程富强参与编写，提供重要资源。

本书承南京工程学院黄家才、张文福教授审阅，提出许多宝贵的意见和建议，在此表示衷心的感谢。

本书承江苏省建设教育协会、中亿丰建设集团股份有限公司等单位的大力支持，提供了大量经典案例，在此表示衷心的感谢。

由于受编者水平限制，书中疏漏和错误在所难免，真诚希望广大读者的批评指正。

编　者

目　录

第 7 章　施工现场监管智能化装备

第 8 章　建筑施工智能化机械与装备的信息化管理

第1章

智能化施工机械与装备概述

📖 **本章要点**

智能化施工机械与装备的概念、主要类型、应用领域以及发展趋势。

📄 **教学目标**

1. 了解智能化施工机械与装备的概念、主要类型、应用领域以及发展趋势；
2. 理解智能化施工机械与装备的内涵，明确智能化装备与传统装备的区别。

📄 **案例引入**

建筑机器人亮相中国住博会，构建智能建造新生态

2023 年 6 月 19 日，多款建筑机器人及 BIM 数字化软件产品亮相"第二十届中国国际住宅产业暨建筑工业化产品与设备博览会"。本次参展的建筑机器人有主体结构阶段的布料机器人、地面整平机器人，双机联动在高强度混凝土浇筑阶段实现了降本增效、提升质量、降低劳动强度等技术革新目标。装修阶段的腻子涂敷机器人、室内喷涂机器人、地砖铺贴机器人、外墙喷涂机器人矩阵；地坪施工的地坪研磨机器人、地坪漆涂敷机器人矩阵，从室内到外墙，从地库到高空，不但实现装修全场景覆盖，而且成功跑通装修 24 小时流水线施工，大幅降低高空作业风险和建筑粉尘导致的职业病风险。辅助措施类的测量机器人、智能划线机器人、建筑清扫机器人、智能施工升降机、博智林流动制砖车在建筑施工全周期各环节发力，通过技术创新打造安全、优质、绿色、高效相结合的智能建造新模式。

思考问题 1：施工设备智能化的含义是什么？
思考问题 2：施工设备智能化的类型有哪些？

二维码 1-2
建筑机器人现场作业

1.1 智能化施工机械与装备的概念

随着科技的发展，第四次工业革命到来，伴随着人工智能、云计算、物联网、信息物理系统等技术的迅猛发展，推动了传统建筑业向"智能建造"的方向发展。智能化施工机械与装备，是指在传统施工机械装备中集成了信息、智能控制、计算机等技术，并融合了多状态感知、故障诊断、高精度定位导航等技术的新型施工机械。

以建筑施工中的土方作业为例，ETH 和 Moog 公司共同研发的轮式自动挖掘机 HEAP，如图 1-1 所示，该挖掘机装备了全球导航卫星系统（GNSS），并使用了实时差分定位（RTK）校准技术，通过安装在各机械臂上的惯性测量单元（IMU）和执行器上的拉线传感器来预测末端铲斗的姿态，2 个激光雷达为系统感知模块提供信息，此外还将该挖掘机的液压系统改为电驱动先导级伺服液压系统，该自主作业挖掘机在实际的斜坡构建、石墙堆砌等作业中的测试展现出很高的精度和控制性能。Built Robotics 推出了可供现有挖掘机升级的辅助系统，如图 1-2 所示，通过设定参数即可控制挖掘机自动按照路径进行动作。

图 1-1 轮式自动挖掘机 HEAP   图 1-2 Built Robotics 的辅助系统

目前，我国施工机械与装备的智能化发展已取得显著成就：一方面，利用智能化技术可对大型机械设备实现远程调控、监测以及维修，其中基于网络信息技术的集成控制管理更是使得施工机械设备的功能更加丰富，生产效率大幅提升；另一方面，利用智能技术促进施工机械生产管理更加自动化，既能提高机械设备的生产效率，也能促进机械设备更加智能化。

随着互联网技术的发展，施工机械的智能化发展趋势必将不断加深，将向着集成化、人工智能化的方向进一步发展，当前我国重点推进智能化专用装备的发展，如快速集成柔性施工装备等智能化大型施工机械，从而实现生产过程智能化、绿色化。

1.2 智能化施工机械与装备的主要类型及应用领域

智能化施工机械与装备主要包括智能土方施工机械、智能混凝土浇筑机械、智能工程装饰机械、智能起重吊装机械、智能监管机械等类型，广泛应用于市政、建筑、道路、桥梁、隧道、矿山、深地等工程领域。

1.2.1 智能建造机

传统的建筑施工装备机械化、智能化不足，安全性较低，不能很好地解决建筑施工从业人数减少和城市中超高层建筑施工安全隐患较多的问题，作为具有高效、安全特点的新型模架施工装备——智能建造机应运而生，如图 1-3 所示，其主要服务于高层、超高层建筑的施工，以期为建筑业形成绿色、低碳新业态的同时更好地服务国家经济高质量发展。

智能建造机实现了模板、挂架和施工平台的一体化，只需将其一次性安装到位即可，在减少人工安、拆模板的同时避免了重复运输，提升了施工效率。新一代智能建造机不仅将各种施工机具集成在钢平台上，而且扩大了核心筒竖向结构的施工作业面，集成施工机具的钢平台宛如一座可以持续爬升的"建筑施工车间"，实现了在"车间"里建造高层、超高层建筑，如图 1-4 所示。

图1-3 智能建造机工程应用现场图　　图1-4 施工装备集成平台

1.2.2 建筑机器人

近年来，机器人在建筑领域中作为全新的数字控制工具不断涌现，基于机器人的智能建造目前已经被一些先进的建筑构件生产线所采用，喷涂、焊接、砌墙、墙／地面施工、清拆 / 清运作业、3D 打印建筑、装修建筑、维护建筑、救援建筑等相关机器人被应用于各种施工场景，如图 1-5 所示。

图 1-5 建筑机器人

清华大学徐卫国教授团队研究出了一系列数字化设计和智能建造相关领域前沿的研究成果，其自主研发的"机器人 3D 打印混凝土移动平台"及"混凝土房屋快速建造体系"两项成果成功应用于住宅的实际建设，如图 1-6 所示。

图 1-6 机器人 3D 打印混凝土住宅

1.2.3 墙面机器人

近年来，相继出现了用于砌筑、抹灰、墙地面等施工的各类建筑机器人，如图 1-7 所示，墙面施工机器人具有以下优势：提升了安全性，简化了施工前期准备工作，大幅度提升了建筑外墙喷涂的工程质量，提高了工作效率，节约施工成本。

1.2.4 地下工程智能化施工机械与装备

预制构件智能定位拼装在桥梁节段、盾构隧道管片等领域已有应用，但在预制装配式地铁车站建造中尚不多见，图 1-8 为适用于高地下水位地区的地下连续墙 + 内支撑围

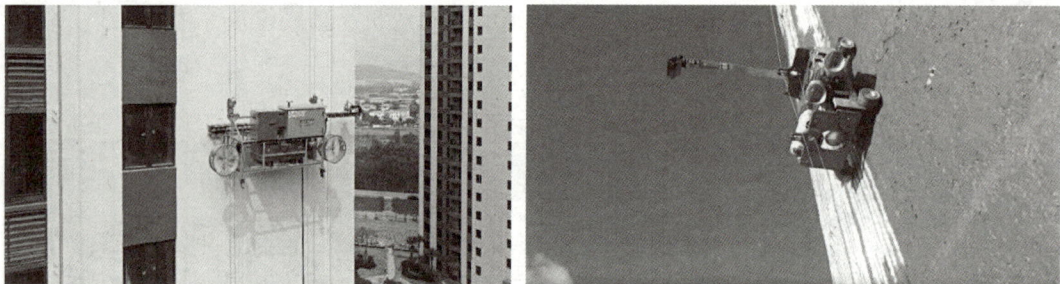

图1-7　建筑外墙喷涂机器人

护体系地下车站智能拼装装备。在预制构件生产过程中，打造智慧化工厂，通过 BIM 模型可视化系统等技术的应用，实现全方位智能化管理，利用拼装前期放点、拼装过程定位、拼装完成复核三道工序，精准把控预制构件拼装精度。与传统地铁车站施工相比，装配式车站能够大幅减少现场人力成本，达到降低噪声、扬尘的目的，实现绿色化、信息化、智能化施工，提高建筑质量及施工效率，对加快推动建筑业智能建造转型升级意义重大。

1.2.5　智能吊装施工装备

高精度智能吊装设备，在常规传统吊装设备的基础上，通过结合自动控制技术，并深度融合 5G 技术、北斗定位导航技术、物联网技术等，形成适用重型负载精准吊放于一体的成套装备，未来还可结合 VR+AR 技术，进而远程操控，实现施工现场的少人化乃至无人化，如图 1-9 所示。

图1-8　地下连续墙＋内支撑围护体系地下车站智能拼装装备

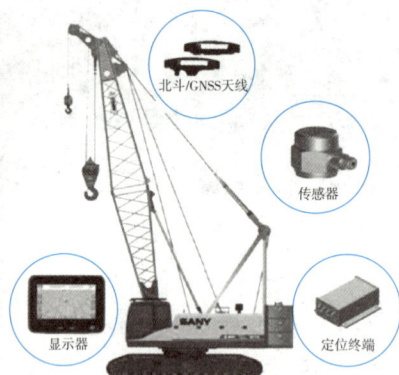

北斗/GNSS天线

传感器

显示器

定位终端

图1-9　基于 5G＋北斗＋物联网技术的高精度智能吊装设备

1.2.6　基于工程物联网的现场监管智能装备

物联网技术通过多种智能传感器获取工程状态信息，实现工程现场"人、机、料、环"的互联互通和高效整合，是"智慧工地"和智能建造的关键技术。以地下工程建设为例，现场可通过机器视觉、分布式光纤、射频识别、无线传感网络等技术，实现工程现场人员、机械的高效管理和施工安全现场监测。图 1-10 为地铁枢纽采用机器视觉和 MEMS 高精度倾角计监测结构变形，监测数据均采用无线网络上传至云端后进行分析和预警。

（a）

（b）

图 1-10　物联网技术在地铁枢纽车站施工中的应用

（a）机器视觉；（b）MEMS 高精度倾角计

1.2.7　工具运输机器人

工具运输机器人是一种能够自动完成工具运输任务的机器人，通常由机器人本体、控制器、传感器、电源等组成。工具运输机器人可以根据不同的应用场景和需求，设计不同的功能和结构。例如，有些工具运输机器人可以自动识别和抓取指定的工具，然后将其运输到指定的位置。有些工具运输机器人还可以根据需要携带不同的工具，例如钻头、切割器、磨光器等，以完成不同的任务。工具运输机器人的应用非常广泛，例如在建筑、制造、医疗等领域中都有应用。它可以提高工作效率、降低成本、减少人力和物力的浪费，同时也可以提高工作的安全性和精度，如图 1-11 所示。

1.2.8　地面划线机器人

地面划线机器人是用于城市道路划各种路面标线的专用施工机械，其关键装置为导向控制系统，一般由超声波测距模块和 PLC 控制单元组成（图 1-12）。超声波测距模块通常包括硬件部分和软件部分，硬件部分包括控制单元、超声波传感器、发射和接收电路等，软件部分即是固定在控制单元中的程序。

图 1-11　工具运输机器人

图 1-12　地面划线机器人

1.2.9 地面铺砖机器人

地面铺砖机器人是一种能够自动完成铺贴地砖和墙砖工作的机器人，通过机械臂吸附瓷砖，并且安放到指定位置，速度快，效率高。通过激光导航技术、视觉识别技术、标高定位系统，实现自动行走、精准移动、自主铺贴，完成瓷砖胶铺设、地砖运输、地砖铺设施工一体化作业，广泛应用于住宅、高铁站、机场、写字楼、学校等场景。在铺砖过程中，地面铺砖

图 1-13　地面铺砖机器人

机器人能够根据具体的情况对砖进行铺排，使地砖排列整齐有序，与人工铺砖效果相差无几。此外，该机器人还可以代替人完成一些危险和高难度的建筑工序，如图 1-13 所示。

1.3　智能化施工机械与装备的发展趋势

智能化施工机械是在传统工程机械基础上，融合了多信息感知、故障诊断、高精度定位导航等技术的新型施工机械；核心特征是自感应、自适应、自学习和自决策，通过不断自主学习与修正、预测故障来达到性能最优化，解决传统工程机械作业效率低下、能源消耗严重、人工操作存在安全隐患等问题。

1.3.1　装备制造层面的发展趋势

1. 施工装备的绿色制造

大型重型施工装备体积大、质量大、用材多、能源消耗大，且施工过程中会有大量渣土与污染源排出，在制造业转型升级、实施绿色制造的大趋势下，施工机械与装备的绿色制造将是未来重点发展方向。

2. 施工装备全生命周期的智能制造

通过智能设计、智能制造、智能施工以及智能运维等手段，对相关施工装备整个生命周期进行有效管理，以获得装备生命周期费用最经济、设备综合产能最高的理想目标，是我国工程建设技术装备的发展方向之一。

此外，施工机械与装备的制造还要向工业网络建设、系统集成及精益生产线建设与虚拟仿真方向发展。

1.3.2　装备技术层面的发展趋势

1. 极端山岭地区地下工程装备

山岭隧道工程环境复杂、极端，高压、高地应力、高地温、极硬和极软等极端工况限制了通用性的地下工程装备的应用，对地下工程装备在可靠性、先进性、环保性等方面提出了更高、更严苛的要求。

2. 海域地下空间开挖装备

亟待突破高压密封、土－泥－水多相平衡、随钻原位测量等技术，开发海域可靠性高、适应性强的全断面掘进装备、深地远海随钻探测装备等海域隧道和地下空间开发新装备。

3. 城市地下空间施工装备

城市地下管廊建设升级、超大直径综合交通隧道建设、深层地下综合体开发等要求城市地下工程装备灵活、施工一体化程度高、复杂地质适应强、施工过程扰动低。

4. 智能传感器检测技术

复杂环境下（强磁场干扰、随机强振动噪声等）信号处理技术（信号衰减／降噪／信号提取等）的突破，基于多源传感信息的闭环控制系统开发，基于 5G 等高性能数据传输网络及云端数据的处理技术。

本章小结

智能施工机械与装备的概念、主要类型、应用领域以及发展趋势。

思考与习题

1-1 智能化施工机械装备与传统装备的区别是什么？

参考文献

[1] 尤志嘉，郑莲琼，冯凌俊 . 智能建造系统基础理论与体系结构 [J]. 土木工程与管理学报，2021，38（2）：105-111，118.

[2] 袁烽，阿希姆·门格斯 . 建筑机器人 [M]. 北京：中国建筑工业出版社，2019.

[3] 陈珂，丁烈云 . 我国智能建造关键领域技术发展的战略思考 [J]. 中国工程科学，2021，23（4）：64-70.

土方施工智能化机械与装备

二维码 2-1
第 2 章　教学课件

本章要点 📖

1. 学习和理解土方施工常见机械装备的类型、工作原理及应用场合；
2. 学习和理解土方施工智能化机械装备的技术特点、应用实例及发展趋势。

教学目标 📰

1. 学习和理解挖掘机、装载机、推土机、压路机等土方施工常见机械装备的类型、构造及其适用场合和作业要求，能够在土方施工过程中选择合适的机械设备，并采取措施提高其生产率；

2. 学习和理解土方施工智能化机械装备的技术特点、应用实例及发展趋势，并将其正确运用到智能建造过程的土石方机械施工中。

案例引入 📄

"无人驾驶"智能摊铺机亮相龙丽高速

2022年8月3日，在溧宁高速龙丽段施工现场，2台大型摊铺机在前，5台压路机紧随其后，摊铺机将滚烫的沥青均匀铺下，压路机将沥青有序碾压平整。这7台设备统筹协调、彼此互不干扰地进行着沥青罩面施工。

仔细观察，这7台施工设备上居然看不到1名操作人员的身影。原来所有这些设备都采用了全自动无人驾驶技术。首先是加装在摊铺机、压路机上的北斗高精度定位系统、惯性导航系统和障碍物识别系统，它们是智能施工机群的"双眼"，为设备提供控制信号与行驶路径引导；其次加装在各个施工机械上的计算机控制系统，它们通过无线网络彼此通信，是智能施工机群的"大脑"，指挥着机群自动协同作业。施工人员只需把施工路段的路面标高、宽度、碾压遍数、行驶轨迹等参数提前设置好，"大脑"就会指挥智能施工机群自动，从而有效避免了人工操作可能导致的漏压、过压、欠压、超速等问题。依托北斗高精度定位系统，摊铺设备还可将摊铺轨迹精度控制在3cm以内，碾压轨迹精度控制在10cm以内，有效保证了摊铺碾压的均匀性和路面压实度、平整度。

新技术的使用，一方面提升了摊铺压实施工的效率和质量，另一方面降低了安全风险、改善了工作环境。与传统的人工驾驶相比，无人化数字施工技术的运用，节省了更多人力和时间成本。

思考问题1：施工设备如何实现无人驾驶操作？

思考问题2：7台施工设备如何实现协同工作？

二维码2-2
"无人驾驶"智能摊铺机
现场作业视频

2.1 土方施工常见机械装备的主要类型及其应用

土石方机械与设备是一种传统的建筑与交通施工设备。常见的有挖掘机、装载机、推土机、压路机、摊铺机等。这些机械与设备各有一定的技术性能和合理的作业范围，所以能满足的施工对象和要求也不同。施工人员需要了解它们的类型、性能和构造等特点，合理选择适合的施工机械和作业方法，才能充分发挥设备效率，提高经济效益。本节将详细介绍土方施工常见机械装备的主要类型、特点及其应用要求，希望通过学习，为学生进一步深入理解土方施工智能化机械装备的技术特点、应用方法奠定基础。

2.1.1 土方施工常见机械装备的主要类型

2.1.1.1 挖掘机

挖掘机用于土方开挖，是最常见、应用最广泛的施工机械装备之一。挖掘机分为单斗挖掘机和多斗挖掘机。按作业方式，单斗挖掘机属于周期性作业，多斗挖掘机属于连续性作业。本节着重介绍单斗液压挖掘机。

单斗挖掘机用途广泛：可以在建筑和交通工程工地中用来平整场地、开挖基础、挖掘堑壕埋放管道，也可以在水利工程中用来开挖沟渠、运河和疏浚河道，还可以用于露天采石、采矿和采煤；更换或添加专用机具后，还可用于破碎、拆除、夯土、打桩和拔桩等工作。

1. 挖掘机分类

1）按驱动方式，它可分为燃油驱动挖掘机、电驱动挖掘机和复合驱动型挖掘机；

2）按铲斗数量，它可分为多斗挖掘机和单斗挖掘机；

3）按传动形式，它可分为机械传动式挖掘机、半液压传动式挖掘机和全液压传动式挖掘机；

4）按行走装置，它可分为履带式挖掘机、轮胎式挖掘机；

5）按工作装置及其操纵方式，它可分为正铲挖掘机和反铲挖掘机，机械 – 钢索操纵式、机械 – 液压综合式和全液压式操纵挖掘机。

2. 挖掘机的构造与工作原理

液压挖掘机主要由工作装置、回转装置、动力装置、行走装置以及发动机、液压系统和电气控制系统等组成，其内部构造如图 2-1 所示。

1）工作装置

它是由动臂、斗杆、铲斗和 3 个液压缸铰接组成的多杆机构，是执行挖掘任务的装置。往复式双作用液压缸推动动臂起落，液压缸牵动斗杆伸缩，液压缸带动铲斗转动。液压挖掘机可以配装多种工作装置，如挖掘、起重、装载、平整、推土、冲击锤等多种作业机具，以满足不同施工作业的需要。

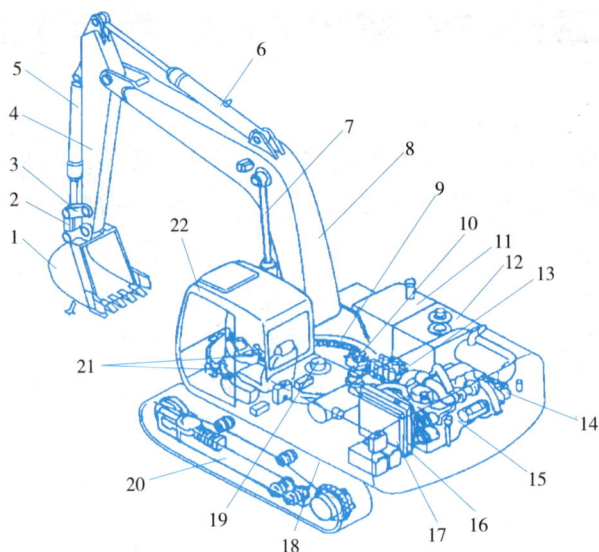

图 2-1　液压挖掘机构造简图

1—铲斗；2—连杆；3—摇杆；4—斗杆；5—铲斗油缸；6—斗杆油缸；7—动臂油缸；8—动臂；9—回转支承；
10—回装驱动装置；11—燃油箱；12—液压油箱；13—控制阀；14—液压泵；15—发动机；16—水箱；17—液压油冷却器；
18—平台；19—中央回头接头；20—行走装置；21—操作系统；22—驾驶室

2）回转装置

液压挖掘机的回转装置由转台和回装驱动装置组成。转台安装有回转支承，回转支承外圈与内齿轮固结在一起。回装驱动装置由液压马达等组成，液压传动系统通过液压泵输出压力油驱动液压马达回转。通过安装在液压马达轴端的小齿轮内啮合推动转台转动。

3）动力装置

最常见的动力装置是柴油机，也有用电动机、柴油发电机组或外电源变流机组的。柴油机和电动机大多用于中、小型挖掘机械，其动力既可直接用于驱动机械行走，也可用作液压系统动力源，属于集中驱动。柴油发电机组和外电源变流机组用于大、中型挖掘机械，用多台电机分散驱动。

4）行走装置

行走装置用来支承机器或使机器变换工作位置和转移作业场地，分为履带式和轮胎式两种。

3. 挖掘机的技术性能参数

挖掘机的技术性能参数中最主要有标准斗容量、机重和额定功率三个，是用来作为挖掘机分级的标志性参数。

1）标准斗容量是铲斗内壁尺寸进行计算的平装斗容量和堆积部分的体积之和，单位为"m³"。它直接反映了挖掘机的挖掘能力。

2）机重是指带标准反铲或正铲工作装置的整机质量，单位为"t"。它间接反映挖掘机的挖掘能力、功率的利用率，影响工作的稳定性。

3）额定功率是指发动机在给定转速工作条件下的净输出功率（不包括附件空气滤清器、风扇、水箱、发电机、空压机等消耗功率），单位为"kW"。

2.1.1.2 装载机

装载机可用于装卸松散物料，并可自行完成短距离运土，并收集清理松散物料和剥离松软土层、平整地面或配合运输车辆装土。如更换工作装置，还可进行铲土、推土、起重和牵引等多种作业，且有较好的机动灵活性，在土方工程中得到广泛应用。

1. 装载机分类

1）根据行走方式的不同，装载机可分为履带式装载机、轮胎式装载机。

2）根据回转方式的差异，装载机可分为铰接回转式装载机和非铰接回转式装载机。

3）根据传动方式的不同，装载机可分为机械传动式装载机、液压 – 机械传动式装载机和全液压传动式装载机。

4）根据卸料装置的安放位置，装载机可分为前卸式装载机和后卸式装载机。

5）按照额定装载量来划分，装载机可分为小型装载机、中型装载机、大型装载机和特大型装载机。

2. 装载机的构造与工作原理

轮胎式装载机主要由动力系统、传动系统、工作装置、液压系统组成，其他还包括车架、制动系统、操控系统、驾驶室、覆盖件、空调等零部件，其内部构造如图 2-2 所示。

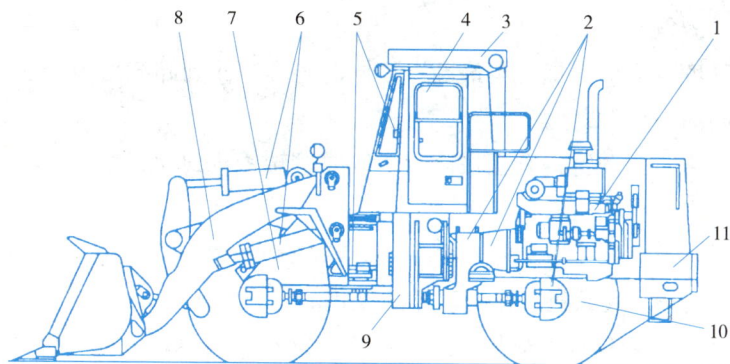

图 2-2　轮胎式装载机构造简图

1—发动机；2—液力变矩器和变速箱；3—顶盖；4—驾驶室；5—操纵杆；6—液压缸；7—前轮和前驱动桥；8—动臂；
9—车架；10—后轮和后驱动桥；11—散热器

1）动力系统

装载机的动力系统主要由柴油发动机及其附属系统组成。柴油机一方面通过传动系统完成正常的行走功能；另一方面驱动工作液压系统带动工作装置完成各种动作。

2）传动系统

传动系统由液力变矩器和变速箱、前轮和前驱动桥、后轮和后驱动桥以及车架、车轮等组成。通过液力变矩器和变速箱可以调节输出到车轮的扭矩和转速，装载机就可以适应变化的工况（如道路状况和载荷大小），改变牵引能力。

3）工作装置

装载机的工作装置是一个由动臂、铲斗、摇臂、拉杆和两个液压缸组成的六杆或八杆机构。动臂后端铰接于前车架上，中部与动臂液压缸连接，前端连着铲斗。当液压缸伸缩时，动臂转动，铲斗提升或下降。摇臂后端铰接摇臂液压缸，中部与动臂连接，前端通过拉杆与铲斗连接。当摇臂油缸伸缩时，使摇臂绕其中间支撑点转动，实现铲斗翻转。

4）液压系统

装载机液压系统分为工作液压系统和转向液压系统。

工作液压系统主要为动臂液压缸和摇臂液压缸供油，包括工作泵、分配阀、动臂液压缸、摇臂液压缸、油箱等组件。一般采用比例控制，通过操作手柄改变比例阀内油液的压力和流动方向，从而实现工作装置的运动。

转向液压系统主要为转向液压缸供油。通过方向盘的转动反馈给流量放大阀，控制由转向泵输出给转向油缸的油压，驱动转向器转动，如此可保证装载机的转向角度的精确。

3. 装载机的主要尺寸参数与性能参数

1）主要尺寸参数

尺寸参数主要表示装载机工作时姿态的变化范围。

（1）卸载角：提升铲斗至最高点，同时翻转其到最大前倾位置时，其底部平面与水平面之间所形成的角度。

（2）卸载高度：当动臂提升至最高点，同时翻转铲斗到卸载角为45°时，从地面到斗刃最低点之间的垂直距离。

（3）卸载距离：当动臂提升至最高点，同时翻转铲斗到卸载角为45°时，从装载机最前端到铲斗斗刃的水平距离。

2）主要性能参数

性能参数主要表示装载机工作时动力的变化范围。

（1）倾翻载荷：装载机负载装运时，铲斗中物料重量使装载机后轮离开地面而绕前轮与地面接触点向前倾翻时的最小重量。

（2）提升能力：动臂油缸能将铲斗从地面提升到接近于卸载高度而不发生倾翻的最大负载。

（3）额定载荷：装载机能够连续稳定工作时铲斗内装载物料的重量。

（4）额定容量：装载机铲斗内可装载物料（平装与堆尖）的总体积。

（5）掘起力：装载机停在平坦、硬实的地面上，铲斗平放使斗底与地面接触，采用最大供油量，当转斗或提臂时，作用在斗刃后100 mm处，使装载机后轮离地或液压系统安全阀打开的最大垂直向上力。

2.1.1.3 压实机械

压实机械凭借其自身重量对被压材料进行压实，主要用于建筑物、公路、广场等的土石方基础的强度提升，可以降低透水性，保持基础稳定，使之具有足够的承载能力，同时获得较高的平整度。

1. 压实机械的分类

按工作原理，压实机械大多采用碾压、振实、夯实和振碾四种基本方法来提升基础的承载能力。

1）碾压机械

碾压机械自重静压力作用在滚轮上，工作时滚轮在被压表面前进后退往返运动，使被压层产生高度方向的永久变形。碾压机械种类较多，其中有代表性的是光轮式压路机和轮胎式压路机。

2）振实机械

振实机械将高频振动装置置于被压材料表面或内部，利用振动改变被压层的材料颗粒排列位置，使它们间的间隙减小，从而达到对被压材料进行压实的目的，常用的振实机械有平板振器和小型振捣器。

3）夯实机械

夯实机械利用高度差，将势能转化为动能，夯实机械的击打部分往往质量很大，重物下降时产生的冲击，击打被压材料，改变材料颗粒间隙，使被压层密实，常用的夯实机械有蛙式打夯机和振动冲击夯。

4）振碾机械

振碾机械是在碾压机械和振实机械的基础上发展而来，通常会在碾压机械的滚轮内设置激振装置，激振装置常见的有偏心轴等形式，偏心轴随滚轮转动时，偏心质量产生振动，滚轮在被压表面前进后退往返运动，通过自重静压力和振实的联合作用，使被压层变得密实、平整。常用的振碾机械有拖式、手扶式和自行式振动压路机。

2. 压实机械的构造与工作原理

以轮胎式振碾压路机为例，其一般由动力系统、传动系统、操纵系统和行驶系统组成。其总体构造如图 2-3 所示。

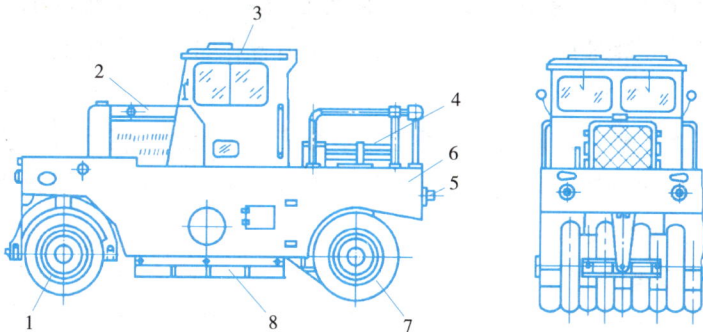

图 2-3　轮胎式振碾压路机构造简图

1– 方向轮；2– 发动机；3– 驾驶室；4– 钢丝簧橡胶水管；5– 拖挂装置；6– 机架；7– 驱动轮；8– 配重铁

动力系统的柴油发动机输出的动力，经传动系统实现分路传动：一路经由离合器、变速箱、换向机构、差速器、左右半轴，链轮驱动振动轮滚动；另一路则驱动无级调频装置，经由三角带传动，带动振动轮的振动。这两条路线是各自独立的系统，振动轮的振动和滚动互不影响。压路机的行驶和停止，起振和停振由各自独立的操纵机构来完成。

3. 压路机的技术性能参数

1）工作重量：压路机工作时用在地面上的垂直重量，是压路机的主参数，对压路机的压实效果影响很大。

2）极限工作参数：压路机的最小转弯半径与最小离地间隙、压路机的爬坡能力、压路机的制动距离、压路机的操纵力等。

3）工作速度：压路机的碾压速度和行驶速度，是反映压路机工作效率的主要参数，如表 2-1 所示。

压路机工作速度（km/h）   表 2-1

机型		碾压速度	行驶速度
串联 振动压路机	$W<5t$	0～4	0～8
	$W>5t$	0～6	0～12
轮胎驱动 振动压路机	$W<5t$	0～4	0～8
	全驱动 $W>5t$	0～6	0～13
	单驱动 $W>5t$	0～6	0～22

2.1.1.4　推土机

推土机是一种牵引车辆加装推土装置后的自行式铲运机构，利用其前端的推土板，可以进行基础堆砌、回填坑基、铲除障碍、平整场地、扫除积雪等工作，配置其他工作机具还可以进行松土、除根以及牵引其他施工机械等，是土石方工程中广泛使用的施工机械。

1. 推土机分类

1）按行走时与地面的接触方式分

（1）履带式推土机：与地面有较好的附着性能，因此同样功率情况下能产生更大的牵引力，具有较强爬坡能力和越野能力，尤其适合在野外、山区或恶劣天气等环境下工作。

（2）轮胎式推土机：与地面附着性能不如履带式推土机，遇到松软潮湿的地面容易打滑，遇到尖锐地面物体容易损坏轮胎，但速度快，机动性好，不损坏地面，适合城市建设和道路维修工程中使用。

2）按发动机功率大小分

（1）小型推土机：功率在 37kW 以下的推土机，动力小，生产率低，只能用于小型作业场地；

（2）中型推土机：功率在 37~250kW，一般土方作业主要使用此类推土机；

（3）大型推土机：功率在 250kW 以上，动力强劲，比较适合用于特殊土质条件（坚硬土质或冻土）的土方作业。

3）按推土板形式分

（1）固定推土板推土机：推土机的推土板角度固定，与主机纵向轴线垂直。此类推土机只能向正前方推土，灵活性差。

（2）回转推土板推土机：推土机的推土板能在一定角度内回转，与主机纵向轴线可变。这种推土机作业形式灵活，既可以正向推土，也可以向一侧推土。

4）按传动方式分

（1）机械传动式推土机：其传动系统为纯机械系统，这种推土机传动效率高、工作可靠、成本低、易维修，但不能随负荷的变化调节输出转矩，因此容易引起发动机熄火等故障，目前已较少使用。

（2）液力机械传动式推土机：在变速器与发动机之间加装了液力变矩器，能够自动随负荷的变化实现变速变矩，因此不易发生发动机熄火等故障，换挡轻快，作业效率高，是现代大中型推土机主要类型。

（3）全液压传动式推土机：完全依靠液压系统提供动力，液压系统直接驱动液压马达带动机器行走。这种推土机简化了离合器、变速箱这样的机械零部件，结构更加简单紧凑，整机质量轻，操纵简单，可实现原地转向，但全液压推土机价格昂贵，可靠性差，液压元件的使用寿命较短，性价比不高。

（4）电传动式推土机：先将柴油机输出的机械能转化成电能，再由电动机作为原动机，驱动行走和工作装置，结构简单紧凑，容易操纵，可实现无级调速，但价格昂贵，目前只在少数大功率轮式推土机上应用。

5）按用途分

（1）通用型推土机：通用性能优良，用于土方推土作业。

（2）专用型推土机：适用于各种特殊工作环境。如水中作业的有浮体推土机、水陆两用推土机、深水推土机等；湿地作业的有湿地推土机；警用或军用的有爆破推土机、军用推土机等。

2. 推土机构造与工作原理

推土机主要由发动机、传动系统、液压系统、控制系统、行走机构、工作装置等组成（图 2-4）。

推土机的发动机大多采用柴油内燃机。发动机一般布置在推土机的前部，发动机的输出动力一部分经过离合器、液力变矩器、变速箱传递，最终到达行走装置，驱动推土机行驶；另一部分传递给液压泵，建立液压系统。离合器、液力变矩器、变速箱、行走装置以及支撑固定它们的机架，一般统称为底盘。底盘的作用是支撑整机，并将发动机的动力传给行走机构及各个操纵机构。机架是整机的骨架，用来安装发动机、底盘及工作装置。主离合器装在发动机和变速箱之间，用途为接合和分离动力。液力变矩器的主

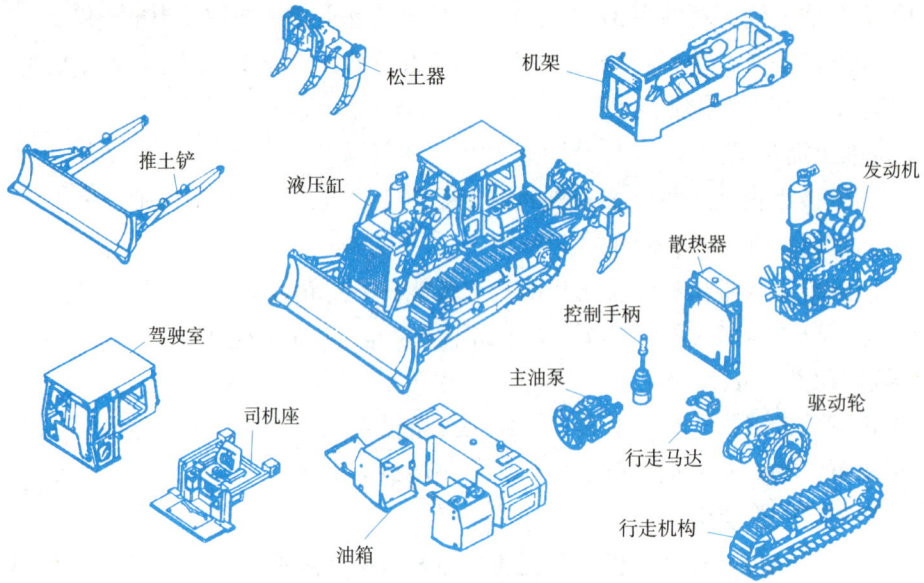

图 2-4　推土机构造简图

要功能是能够自动随负荷的变化实现变速、变矩。变速箱可以用来实现推土机的换向、变速或输出不同的牵引力。行走机构直接与地面接触，履带式推土机和轮胎式推土机有着不同的构造和工作原理，履带式推土机底盘通常由液压系统。

推土机的工作装置主要包含推土板及其调节机构。推土板安装在推土机的前端，是推土机进行基础堆砌、回填坑基、铲除障碍、平整场地、扫除积雪等作业的主要执行机构。

推土机的电气控制系统包括控制发动机的启停和照明，辅助设备主要由燃油箱、驾驶室等组成。

3. 推土机的技术性能参数

1）推土机的功率

推土机的功率是指其发动机输出的动力，常用的功率单位为千瓦（kW）或马力（hp）。推土机的功率一般越大，其推土效率就越高。根据工程需要，选用适合功率的推土机可以提高工作效率。

2）推土机的工作速度

推土机的工作速度是指推土机推土作业时的移动速度，在工程中常用的速度单位为"km/h 或 m/h"。不同型号的推土机在不同的工程场景中其工作速度也会有所不同，如在较为平整的场合下，速度可以适当提高，而在坡度大的地方，速度需要缓慢些以保障安全。

3）作业宽度

推土机的作业宽度是指推土铲刀的宽度，通常以米（m）为单位计算。作业宽度越大，则单位时间内作业面积也就越大。一般来说，小型推土机的作业宽度在 2~3m，中型推土机在 3~4m，大型推土机在 4m 以上。

4）铲刀数量

推土机的铲刀数量是指推土刀盘的数量，通常有单铲刀和双铲刀两种。双铲刀推土机相对铲单刀推土机具有更大的作业宽度和更高的作业效率，但其价格也更高。

5）质量

推土机的重量是指整机的质量，通常以吨（t）为单位计算。质量越大，则作业时对于地面的影响就越小，作业效率也就越高。一般来说，小型推土机的重量在 5~10t，中型推土机在 10~20t，大型推土机在 20t 以上。

2.1.2 土方施工常见机械装备的使用方法

2.1.2.1 挖掘机的选型原则和作业方式

1. 挖掘机的选型原则

在选择挖掘机时，需要考虑工作需求、机型和尺寸、动力和性能、操控和操作性、维护和支持、费用和预算以及品牌和口碑等关键因素。

1）根据工程量要求。当工程量较小且工作场地条件较好时，优先选用功率中等、机动性好的轮胎式挖掘机；反之，应选用大型履带式挖掘机。

2）根据土方位置。当土石方在上方时，可选用配置正铲的挖掘机；当土石方在下方时，反铲挖掘机配置反铲。

3）根据土质。应采用抓斗挖掘机，挖掘潮湿泥土。

4）根据运输机械类型。根据运输机械的吨位，挖掘机与之相匹配，尽量满足挖掘 3~5 斗装满运输机械。

5）挖掘机的斗容与工作面高度的关系。挖掘机的斗容与土的类别及工作面高度都有连带关系，一般情况下，挖掘机挖Ⅰ、Ⅱ类土时其工作面高度不应小于 2m；挖Ⅲ类土时，工作面高度不应小于 2.5m；挖Ⅳ类土时不应小于 3.5m。

2. 挖掘机的作业方式

1）反铲作业

反铲作业一般在地面以下进行，主要以挖掘为主。

（1）使用斗杆和铲斗共同进行挖掘。当铲斗液压缸与连杆、斗杆液压缸与斗杆都成 90° 角时，可获得最大的挖掘力和挖掘效率。

（2）尽量使斗齿方向与挖掘方向保持一致，减少挖掘阻力和斗齿磨损量。

2）正铲作业

正铲作业一般在地面以上进行，铲斗的转动方式与反铲时相反。使用斗杆液压缸来刮削地面。正铲时的挖掘力小于反铲时的挖掘力。

3）挖沟作业

通过配置与沟的宽度相对应的铲斗，使两侧履带与要挖沟的边线平行，可高效地进行挖沟作业。挖宽沟时，先挖两侧，最后挖去中间部分。

4）装载作业

当进行装载作业时，应先将挖掘机移到装载卡车后面，以免回转时铲斗碰及卡车驾驶室或其他人员，而且在卡车后面比在卡车旁边更容易装载。装载时自前向后装车更加方便，而且装载量大。

5）平整地面

（1）先填平和削平地面，以水平方式前后移动铲斗。

（2）当挖掘机移动时，不要用压或铲的方式来平整地面。

（3）从挖掘机前面的地面往前平整，然后轻轻地拉动斗杆，慢慢升动臂，当斗杆超过垂直位置时，先小口地下降动臂，再操作机器，让铲斗以水平方式移动。

2.1.2.2 装载机的选用原则与作业方式

1. 选用原则

装载机的选用一般来说要遵循以下四个原则。

1）机型的选择：主要依据作业场合和用途进行选择和确定，一般在采石场和软基地进行作业，多选用轮胎装载机配防滑链。

2）动力的选择：一般多采用工程机械用柴油发动机，在特殊地域作业，如海拔高于3000m的地方，应采用特殊的高原型柴油发动机。

3）传动形式的选择：一般选用液力 – 机械传动，其中关键部件是变矩器形式的选择，中国生产的装载机多选用双涡轮、单级两相液力变矩器。

4）在选用装载机时，还要充分考虑装载机的制动性能，包括多个在制动、停车制动和紧急制动三种。制动器有蹄式、钳盘式和湿式多片式三种。制动器的驱动机构一般采用加力装置，其动力源有压缩空气、气顶油和液压式三种，常用的是气顶油制动系统，一般采用双回路制动系统，以提高行驶的安全性。

2. 装载机的作业方式

在建筑工程施工中通常选用轻型和中型装载机，工作时要配以自卸卡车等运输车辆，可得到较高的生产率。装载机与运输车辆配合作业时，一般以2~3斗装满车辆为宜。若选较大装载机，一斗即可装满车辆时，应减慢卸载速度。

装载机自身运料时的合理运距为：履带式装载机一般不要超过50m；轮式装载机一般应控制在50~100m，最大不超过100m，否则会降低经济效益。常见的作业方式有4种（图2-5）。其中"V"形作业效率最高，特别适于铰接式装载机。

2.1.2.3 压路机的选型原则

1. 沥青混凝土路面，应根据混合料的摊铺厚度选择压路机的重量、振幅及振动频率，通常选用全驱动式振动压路机。若想使路面压实平整，可选用全驱动式压路机。对压路机压实能力要求不高的地区，可使用线压力较低而机动灵活的压路机。若要尽快达到压实效果，可选用大吨位的压路机，以缩短工期。

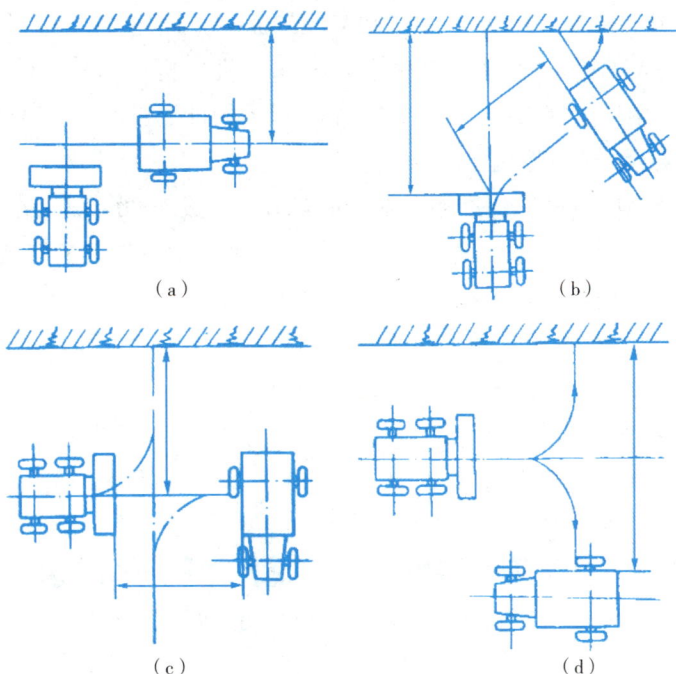

图 2-5 轮式装载机作业方式

（a）"I" 形作业法；（b）"V" 形作业法；（c）"L" 形作业法；（d）"T" 形作业法

2. 若是铺层厚度小于 60mm，最好使用振幅为 0.35~0.60mm 的 2~6t 的小型振动式压路机，这样可避免出现堆料、起波和损坏骨料等现象；同时，为了防止沥青混合料过冷，应在摊铺之后紧跟着进行碾压。对于厚度大于 100mm 的厚铺层，应使用高振幅（可高达 1.0mm）、6~10t 的大中型振动式压路机。

3. 对于水泥混凝土路面，可以采用轮胎驱动式串联振动压路机。

4. 对于高级路面路基的底层，最好选用轮胎压路机或轮胎驱动振动压路机进行压实，以获得均匀的密实度。

5. 修补路面时可以选用静力作用式光轮压路机。

6. 高等级公路，使用全驱动重型振动压路机压实，能给定一个平坦而坚实的路面基础；用串联振动压路机压实路面及用轮胎压路机封层，可获得平整而稳定性好的路面结构；使用轮胎式压路机，可以获得均匀的密实度，而且不会破坏土壤原有的黏度。

2.1.2.4 推土机的选用原则

推土机选用不当会使机器使用效率受到限制，甚至导致机器故障率增加，直接影响到工程进度和用户的效益。因此，推土机的选用，应参考以下原则。

1. 功率适当

大型水利、矿山开采等工程选用功率 235kW（320hp）以上推土机；中型公路建设、水利工程及基础设施建设等工程选用 169kW（220hp）至 235kW（320hp）的推土机；一般性工程施工选用118kW（160hp）至169kW（220hp）的推土机；小型工程施工及一般农田作业选用96kW（130hp）至118kW（160hp）的推土机；工程辅助作业、零散工程作业、松散物料堆聚作业等选用76kW（100hp）以下的推土机。

2. 配置的特点及作业范围适当

目前，可供选择的机型除标准型以外，还有适于海拔4000m以上作业的高原型，适于沙漠环境作业的沙漠型，适于南方水稻田及沼泽水网地带作业的湿地型和超湿地型，适于垃圾场进行垃圾填埋的环卫型，适于港口、电厂作业的推耙机和电厂型等。标准型推土机也可以配置不同的前、后工作装置，如直倾铲、角铲、U形铲、半U形铲、单齿松土器、三齿松土器、拖式铲运机及动力绞车等。此外，还有不同形式的驾驶室、空调等。

2.2 土方施工智能化机械装备的技术特点、应用案例及发展趋势

近年来，土方施工机械的智能化水平不断提升，智能挖掘机、压路机、摊铺机不断被成功开发出来并得到推广应用。本节将紧跟技术发展前沿，举例介绍几种土方施工机械装备的智能化的技术方法、性能特点及其应用要求，希望通过学习，为学生深入理解土方施工智能机械装备的核心技术和工作原理，并将其正确运用到智能建造过程的土石方机械施工中奠定基础。

2.2.1 土方施工智能化机械装备的技术特点

施工机械的智能化包含智能化控制和智能化管理两个方面。

为了实现多种信息处理、多数据分析推理和智能决策等功能，人们引入了机械智能化控制模式。它可以根据设计好的控制策略模块，局部代替人的思考，去完成某项任务。随着基于大数据分析、区块链等智能化技术在工程机械中的应用，智能化控制模式可以实现工程机械的自主协同与高效控制。

智能化管理术可以实现多机群的有效配置与协同工作。当采用集成智能化管理和调控技术时，多个工程机械可以将运行数据传递至数据处理中心，便于数据处理中心使用数据交叉统计和数据运筹学等数据处理方法，实现对多个工程机械的运行管理。智能化管理技术还可以提供智能故障诊断，它一般来说是由领域内专家、数据处理与决策系统以及相关的外部器件组成。通过故障诊断技术对工程机械工作状态进行诊断、检测与监视，并能够进行分析评估。

土方施工智能机械装备通常包括感知、分析、决策和执行四个子系统，如图2-6所示。

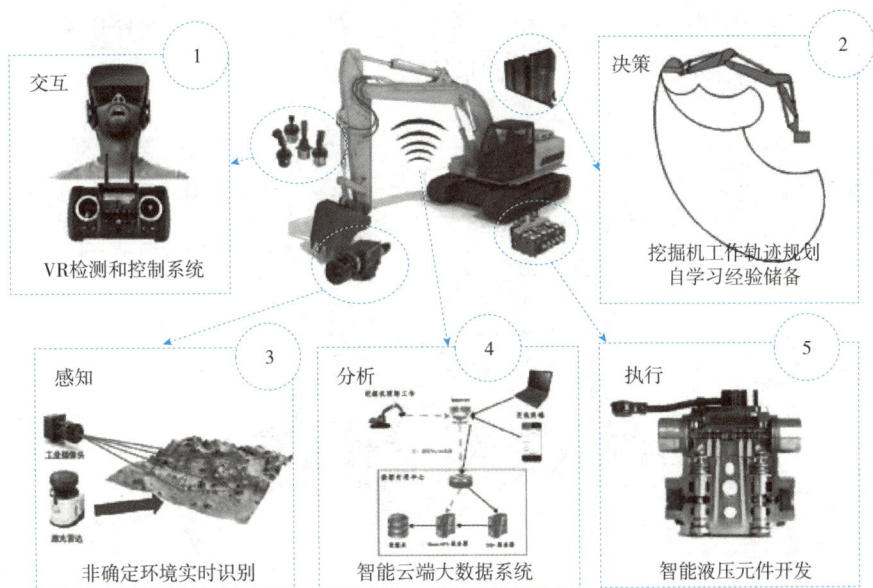

图 2-6　土方施工智能化机械装备的工作模式

2.2.1.1　感知系统

感知系统可以分为环境识别系统和机械自身状态感知系统。

环境识别系统通过激光雷达、工业摄像头和全球导航卫星天线等搜集采集数据，经过工业云和大数据分析技术处理，从而对非确定环境信息进行实时感知识别，如图 2-7 所示。

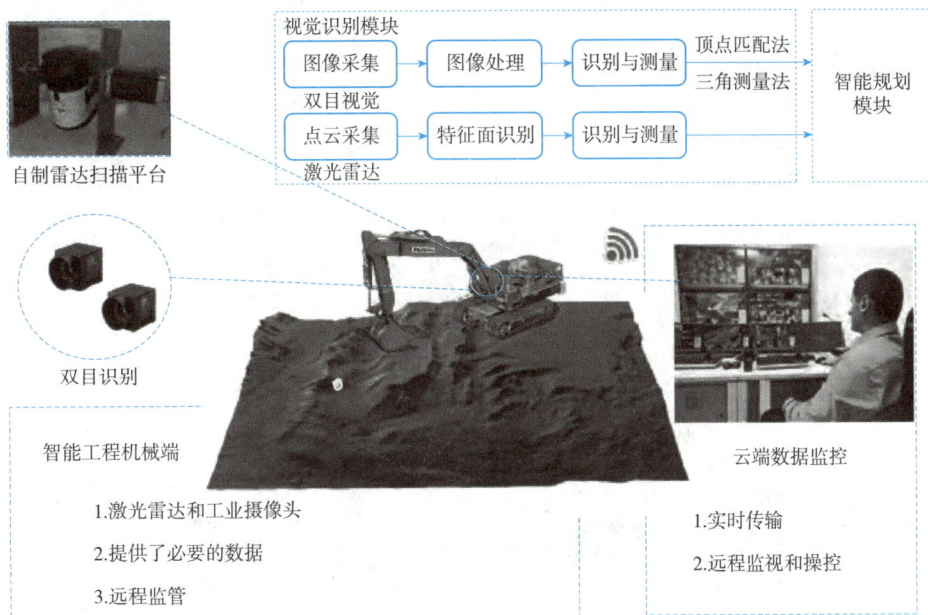

图 2-7　环境识别系统

状态感知系统则利用施工机械上不同安装部位的不同类型、不同作用的传感器集群系统，感知施工机械多种状态的实时参数指标，如图 2-8 所示。

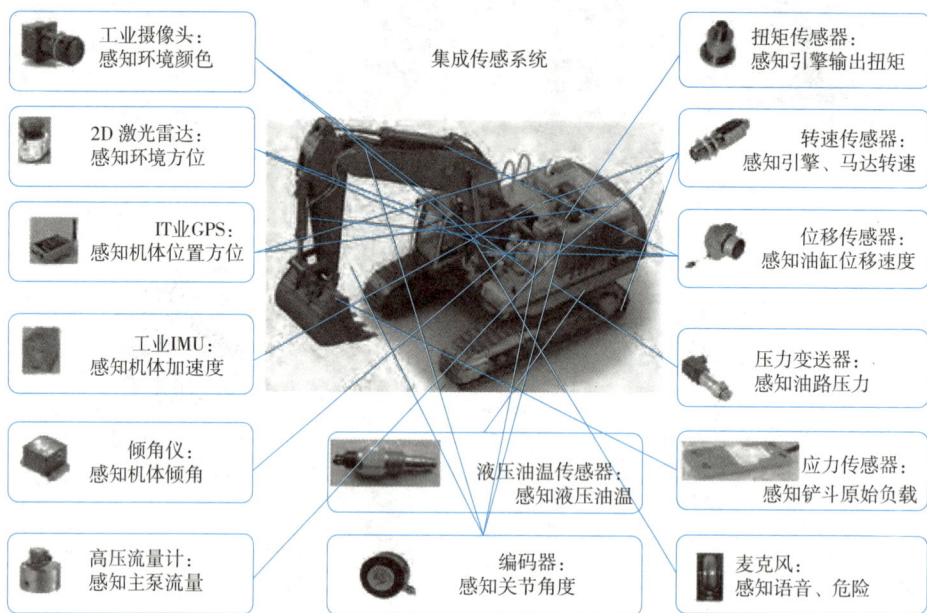

图 2-8　状态感知系统

2.2.1.2　分析系统

分析系统可以分为智能云端服务器和任务识别系统。智能云端服务器负责信息的存储和传递。任务识别系统负责任务指令的发送和监控，如图 2-9 所示。

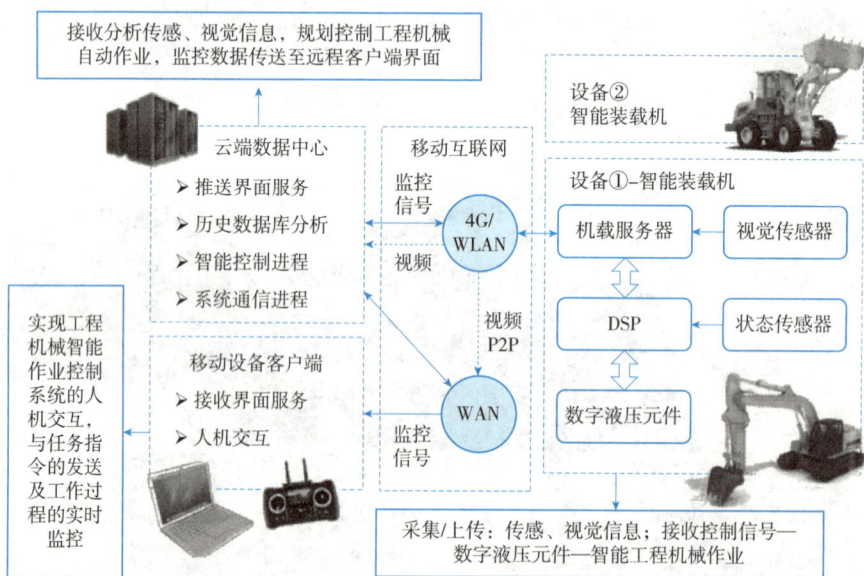

图 2-9　分析系统

2.2.1.3 决策系统

决策系统是智能控制系统核心，作用是实现智能工况决策、智能挖机轨迹规划等功能，其重点是各种智能算法的应用，如图 2-10 和图 2-11 所示。

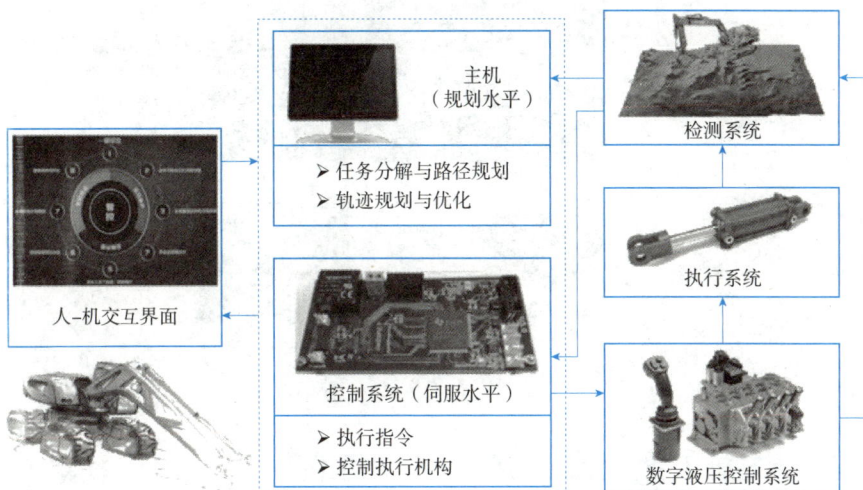

图 2-10 决策系统

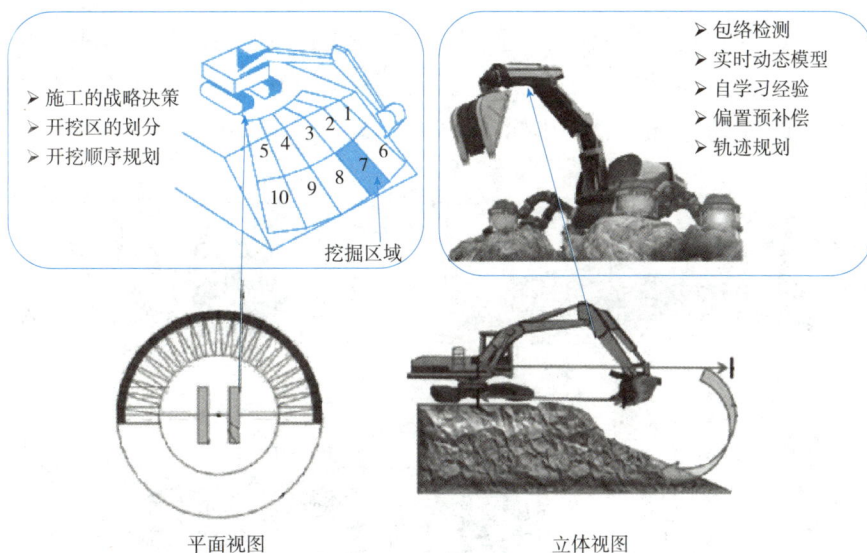

平面视图　　　　　　　　立体视图

图 2-11 轨迹规划

2.2.1.4 执行系统

执行系统除执行部件外，还可以包括 MR 交互系统和远程控制软件，如图 2-12 所示。操作者可以利用远程控制软件，实现施工设备无人化操作；也可以通过 MR 交互系统，使用头盔显示器、电子手套、遥控手柄等 MR 设备，接收数据、发送指令，并利用远程控制软件，实现设备的远程遥控或进行特种作业。

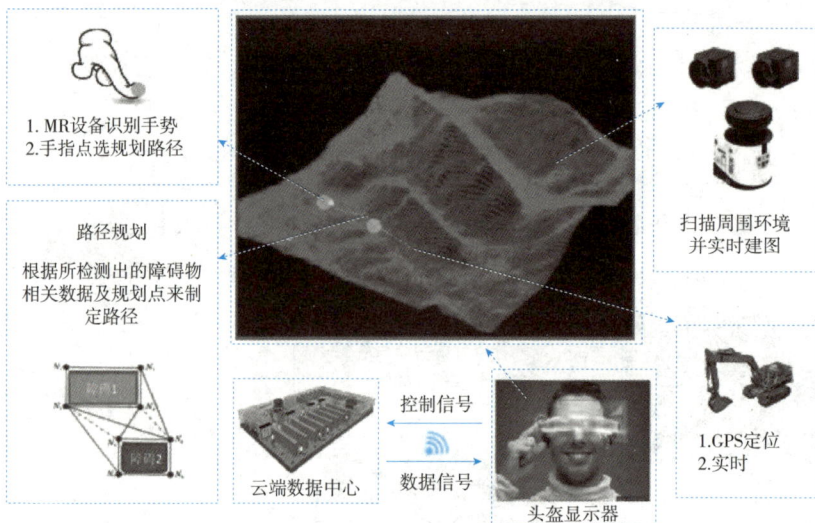

1. MR设备识别手势
2. 手指点选规划路径

路径规划

根据所检测出的障碍物相关数据及规划点来制定路径

扫描周围环境并实时建图

控制信号

数据信号

云端数据中心

头盔显示器

1. GPS定位
2. 实时

图 2-12　MR 交互系统

2.2.2　土方施工智能化机械装备的应用案例

2.2.2.1　小松 PC210LCi-10 智能挖掘机

1. 工作原理

小松 PC210LCi-10 智能挖掘机，是世界上首款使用智能控制技术的挖掘机（图 2-13）。

智能交互与传感：小松 PC210LCi-10 智能挖掘机装有主、辅两个 GNSS（全球导航卫星系统）天线，用于确定机器的坐标和高程。

控制面板
配备了大尺寸、易于观察的显示屏，以及为小松智能机器控制系统设计的独特界面

GNSS天线

内置行程传感器的液压缸
液压缸内置了行程传感器，可以将铲斗位置准确、实时地显示在控制面板上

惯性测量单元（IMU）
惯性测量单元用于在高精度整平作业中检测机器姿态

GNSS接收器

图 2-13　小松 PC210LCi-10 智能挖掘机

动臂、斗杆和铲斗液压缸都内置了行程传感器，可以精确地测量液压缸行程（活塞杆长度）和速度，用于工作装置的控制和工作装置的位置计算。行程传感器还具有检测和修正因活塞杆膨胀和收缩引起的缸筒旋转和滑动功能。同时，该传感器动态响应优异，不会造成显示器上边缘的摆动。

机器主体框架内安装了 IMU（惯性测量单元），可以检测机器的姿势，包括方向和角度，这保证了机器在坡道上工作时的精度。

12.1 英寸的大屏幕触摸面板显示器像平板电脑一样可以显示各种信息，包括设计图纸、边界位置、机器 3D 鸟瞰图、指南针等，3D 显示的视角和放大倍率可以改变，操作者可以选择工作的最佳视图，可以在"粗略"的整体视图或放大的"精细"视图中突出铲斗位置之间进行切换。操作者可以在屏幕上启动或终止机器控制功能（图 2-14）。

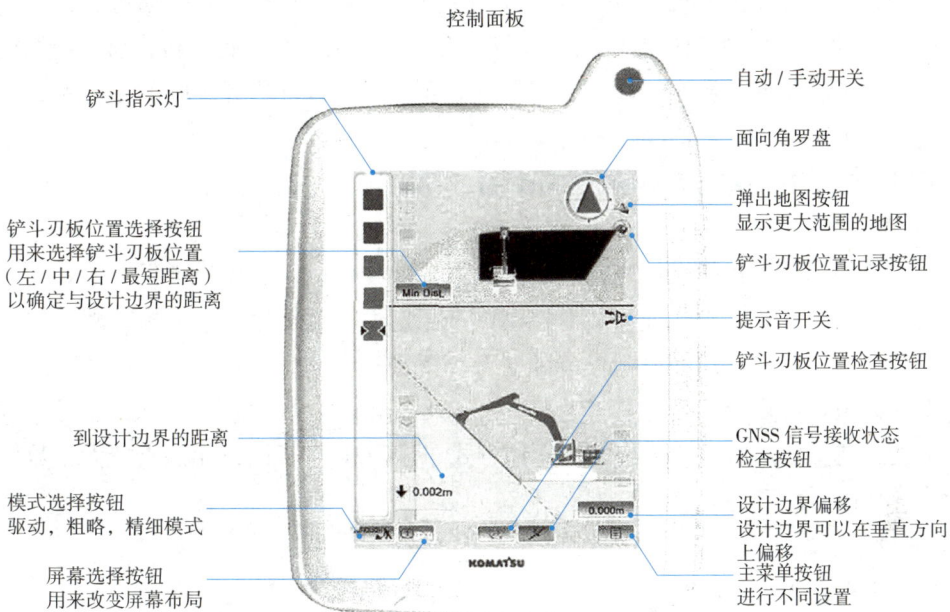

图 2-14　小松 PC210LCi-10 控制面板

智能分析、决策与控制：PC210LCi-10 智能挖掘机在先导阀和主阀之间增加了电子压力控制（EPC）阀，EPC 阀以电子方式控制先导压力以控制主阀。每个控制阀都安装有传感器，以精确地检测阀芯，确保控制流量的精确。各组件的电信号被连接到控制器，并输出控制命令。通过通信网络可以连接到其他控制器，以获得所需的信息。

小松 PC210LCi-10 智能控制的原理并不复杂。在常规的机器控制操作中，操作者手动地进行操作，同时在屏幕上检查设计边界和铲斗刃板之间的位置关系。而在这款机器上，由于有电子控制器控制 EPC 阀的参与，在接近设计边界时，电子控制器会接管操作，操作者不用担心超挖。

当进行动臂或铲斗操作时，控制器会根据传感器的信号持续计算铲斗刃板的位置、速度和方向，算出设计边界和铲斗刃板之间的距离。它根据先导压力来计算出铲斗刃板的速度，并计算出可允许速度与设计边界的距离关系。如果它判断控制干预是必要的，就会把目标速度通过几何学换算成每个液压缸的目标速度，并通过控制 EPC 阀来控制先导压力，控制液压缸使得铲斗刃板速度降低到允许速度，并最终停在设计边界上。自动停止控制功能在挖掘开始时确定边界或用于测量时是非常有用的。

就像自动停止控制一样，当进行斗杆操作时，如果控制器判断需要干预，会自动输出动臂提升的命令来调整铲斗高度以贴合设计边界，同时也会降低斗杆的速度。自动坡度协助会根据操作者的斗杆操作量进行优化控制，涵盖了从对精度没有什么要求的粗挖到需要边行走边操作的精度，例如用铲斗底部进行平整的作业。

当设计的边界是一个斜面，而机器又不能以正确的角度面对该斜面时，向下挖掘会影响开挖的质量，除非参照最接近设计边界的铲斗刃板激活控制干预。通过选择"最短距离"，控制干预介入，受到控制区域不仅包括刃板，还包括铲斗底部和轮廓。在挖掘一个斜面的情况下，面向角罗盘功能会在屏幕上显示机器和设计边界之间的相对状态，这有助于改善可用性。

2. 应用场景：智能化无人驾驶挖掘机远程"挖矿"

1）存在问题

矿山地点偏远封闭，网络信号不好，因此需要单独建网，大部分工程机械处于移动状态，而且矿山经常要爆破作业，会对移动网络稳定性、可靠性产生影响；露天矿山地质环境复杂，大型机械在作业时，可能随时会掉下去，大部分人不愿意从事"高危"的采矿工作；矿山环境复杂，当前采矿生产往往涉及多个信息、设备平台，数据来源多样，但矿区又缺乏信息传递通道，传统有线通信方式布设困难，4G 网络无法支持大量数据的实时传输，从而形成了大量信息孤岛。

2）解决方案

首先，露天矿山由于没有遮盖，只需要建几个 5G 基站就可以实现整个矿区的 5G 网络覆盖。5G 网络支持无人机在空中扫描、采集地形地貌，并利用大带宽、低时延的网络特点，将 3D 图像实时回传控制中心，供操作人员因地制宜地实施开采计划。

其次，智能化无人驾驶挖掘机自带感知、判断、控制系统。通过挖掘机机身上的激光雷达、工业摄像头和全球导航卫星天线等传感器来感知周边的环境，自主判断动作轨迹和行驶路径。

然后，控制中心以搜集分析的数据为基础，模拟经验丰富的司机操作，远程遥控指导无人驾驶设备进行施工，并通过合理科学的生产管理和调度，最大化地发挥设备的生产效能（图 2-15、图 2-16）。

智能化无人驾驶挖掘机还能用于更多应用场景，如抢险救灾、泥石流清理、核泄漏排查、矿坑作业等各类危险作业场景，为改善传统行业工作方式、提升产业生产率、创造就业新方向提供源源不断的新动力。

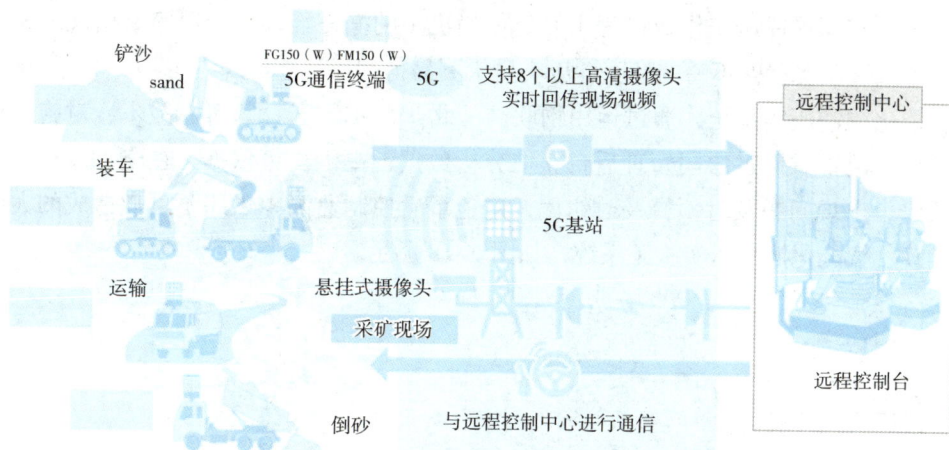

铲沙 sand　FG150（W）FM150（W）
5G通信终端　5G　支持8个以上高清摄像头
实时回传现场视频

远程控制中心

装车

5G基站

运输　悬挂式摄像头

采矿现场

倒砂　与远程控制中心进行通信

远程控制台

图 2-15　智能化无人驾驶挖掘机远程"挖矿"的 5G 通信

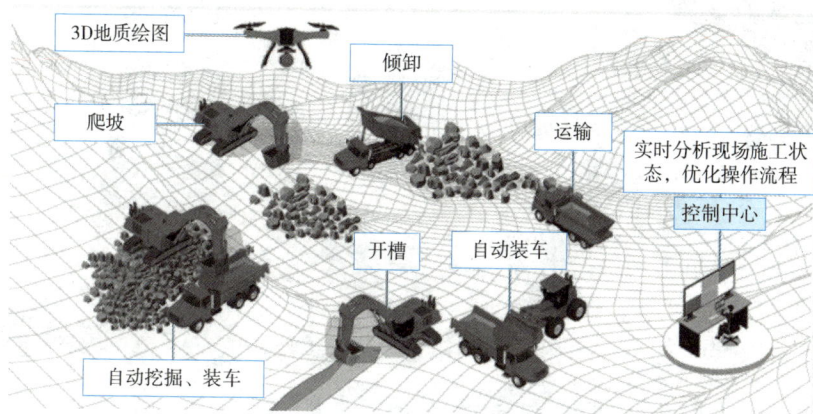

3D地质绘图

倾卸

爬坡

运输

实时分析现场施工状态，优化操作流程

控制中心

开槽

自动装车

自动挖掘、装车

图 2-16　智能化无人驾驶挖掘机远程"挖矿"的远程控制

2.2.2.2　智能化摊铺压实系统

1. 工作原理

路面摊铺压实在道路工程建设中有着重要作用，路面摊铺压实速度、温度、遍数都决定着路面施工质量。传统摊铺压实施工系统，如图 2-17 所示。

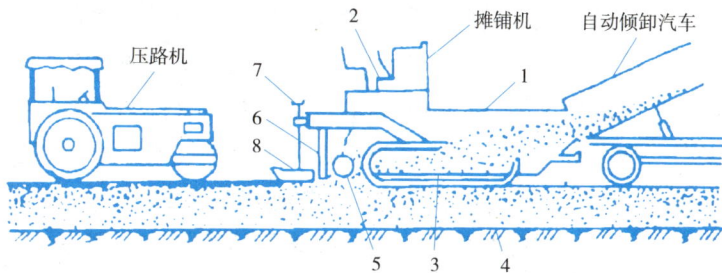

压路机　　2　摊铺机　　自动倾卸汽车

7　　　1

6
8

5　3　4

图 2-17　传统摊铺压实施工系统

1- 料斗；2- 驾驶室；3- 履带行走装置；4- 摊铺料层；5- 螺旋分料器；6- 振动振捣器；7- 平衡梁；8- 熨平板

传统的路面摊铺压实作业过程主要是依赖机手的操作经验，所以容易出现超压以及漏压，各区域压实程度不一的情况，压实质量不易得到保证。

智能化摊铺压实系统，通过运用物联网、北斗、5G、云计算等新技术，对施工机械进行智慧化改造，通过协同管理后台获取分析数据，提供决策依据，在施工过程中把控施工质量，出现问题及时预警及时纠偏，避免事后控制监测中工序不可逆造成的大面积返工出现。智能化摊铺压实施工系统，如图 2-18 所示。

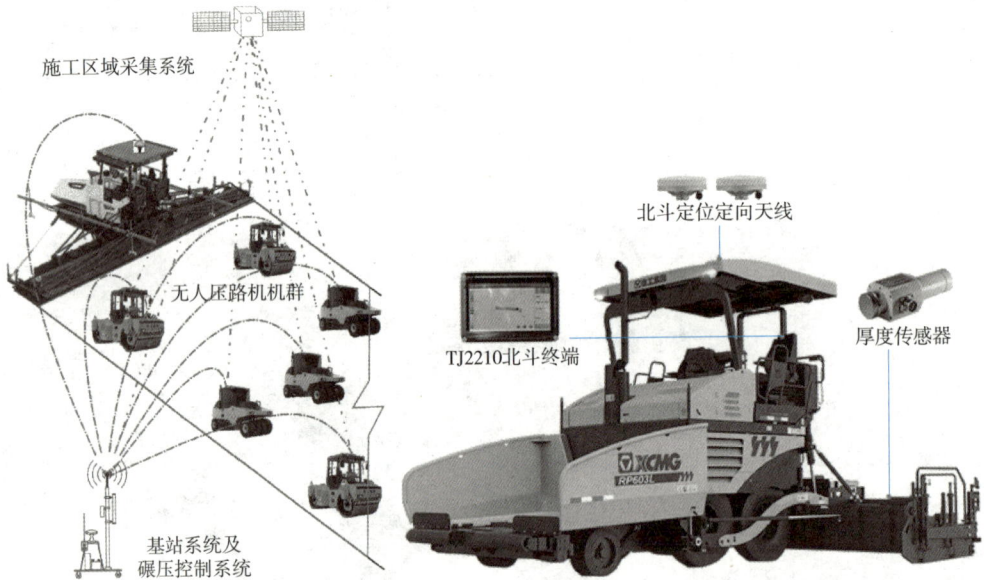

图 2-18　智能化摊铺压实施工系统

通过在摊铺机及压路机上安装卫星接收机、5G 通信芯片、微波通信主机、电台信号接收天线等通信装置，毫米波雷达、激光测距传感器、空气耦合雷达、温度传感器等传感装置，配置无人驾驶行车控制系统和智能摊铺碾压控制系统，达到摊铺机与压路机智能化的目的。

无人驾驶行车控制系统需要在施工区域建立移动式 5G 通信基站，通过北斗或 GPS 导航卫星系统实时监测和传输设备的位置、速度、方向等信息，而在卫星定位系统无法作用的情况下（如隧道里），则由毫米波雷达、激光雷达、激光测距传感器、微波通信系统等来判断设备与建造物以及设备彼此之间的位置关系。这些信息被上传到行车控制系统平台上。通过引入智能算法，可以生成施工现场数字地图和摊铺压实数据报告，并据此设定每台设备的施工轨迹，实现智能化的无人驾驶摊铺压实。

智能摊铺碾压控制系统，最有代表性的是基于雷达反射波原理的压实质量控制。探地雷达（Ground Penetrating Radar，GPR）可以依据电磁波在不同介质中的反射信号和能量差异来反映材料介电常数特性，从而用于界面识别、层厚与密度测试。当沥青混凝土层厚度大于 5cm 时，GPR 能够准确预测厚度和密度，误差小于 10%，配合空气耦合雷达，实现摊铺厚度精准控制。

在压实环节，自动调幅压实系统有 Variomatic 和 Variocontrol 两种结构形式，前者用于串联式双钢轮振动压路机，后者用于轮胎驱动的单钢轮振动压路机，此种被称为智能系统的机构能根据被碾压物料密实度的变化自动选择适宜的振幅以优化激振力的输出。

Variomatic 系统主要适用于沥青压实施工，主要适用于土石填方压实施工，如图 2-19 所示。Variomatic 系统在振动压实过程中，依靠安装在振动轴承支架上的加速度传感器收集地面反馈的压实材料刚度数据信号，并将其传输到数据存储处理系统，而后将信号输送到控制装置。Variocontrol 系统则在振动支架上安装两个加速度传感器，控制单元（处理器）根据传感器的反馈信号控制偏心块之间相对位置的自动调整。振动方向可以根据需要在垂直和水平之间自动调整到最佳状态。

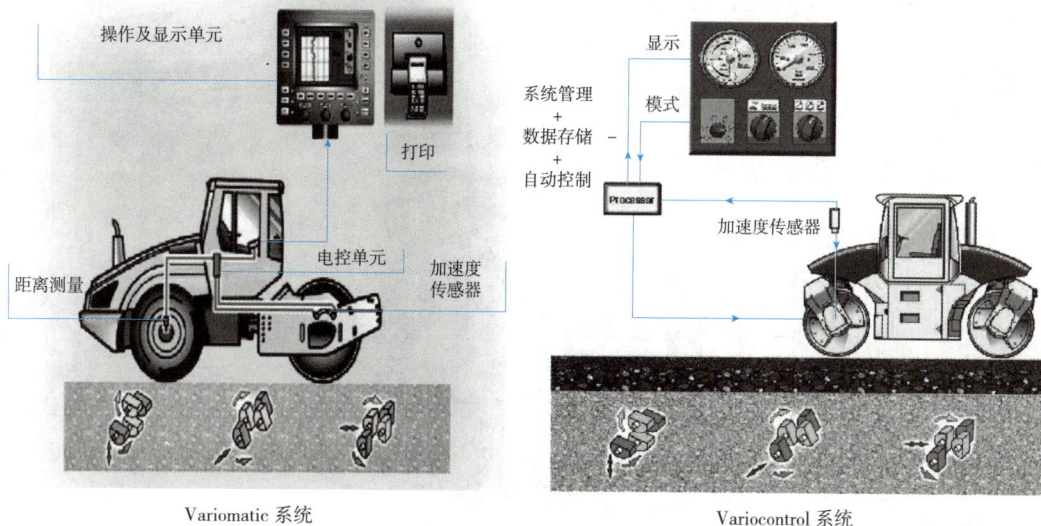

Variomatic 系统　　　　　　　　　　　Variocontrol 系统

图 2-19　智能化自动调幅压实系统

2. 应用场景：路面集中养护工程的智能化摊铺压实集群作业

该集群由 2 台大型无人化摊铺机和 8 台无人化压路机组成，摊铺机进行沥青混合料有序摊铺，压路机紧跟其后进行潮汐式整齐碾压，对国家公路现代养护工程试点——G15 进行集中养护（图 2-20）。

图 2-20　智能化摊铺压实集群作业

第一，通过在摊铺机和压路机上安装视觉摄像头，并预先在未摊铺的路基一侧布置引导线数字化智能摊铺系统，通过视觉景深识别判断当前摊铺轨迹与引导线的横向距离，并实时调控方向，实现数字化智能摊铺和压实。

第二，通过在摊铺机和压路机前端加装一组激光雷达，在不同点位和角度对前方的料车进行检测，可实现料车位移检测、料位情况检测、料斗倾角检测，极大地提升了料车对接环节的智能化程度，防止出现撒料、冲击等问题，保障摊铺和压实质量（图2-21、图2-22）。

图 2-21　智能化摊铺机

图 2-22　智能化压路机

第三，通过大疆数字化智能无人机搭载红外摄像头对已摊铺区域进行温度场采集，并通过算法实时获取路面内部的温度场数据，用于解析当前摊铺温度离析，以及指导压路机群在有效碾压温度下完成最佳施工（图2-23）。

第四，通过数字化智能集群设备间的数字链路互联，实现集群组合的动态规划，碾压策略组合更加灵活多变，初压复压梯队可动态推进、搭接，对于变宽段、伸缩缝等特殊工况，可采用人工、数字化智能混合施工。

第五，实现一键操作、可视化监控、副平板设计的优化，数字化智能集群系统智能化程度进一步提升，提升了易用性和稳定性。

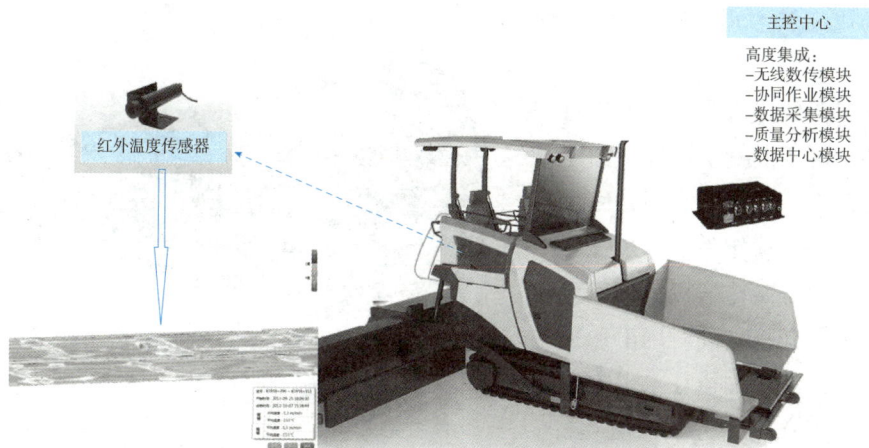

图 2-23　智能化摊铺压实温度采集

第六，通过数字化链路打通施工前后场的管理，集成摊铺管理、碾压管理、进管理度、历史回放等多个模块，实现施工全场的可控管理。此次集中养护数字化无人集群施工段落长达 20km、时间跨度长达 20d，综合减少压路机施工油耗 15%，节省油耗约 4890L，节约煤炭资源约 2.975t，减少二氧化碳排放约 7.14t（图 2-24）。

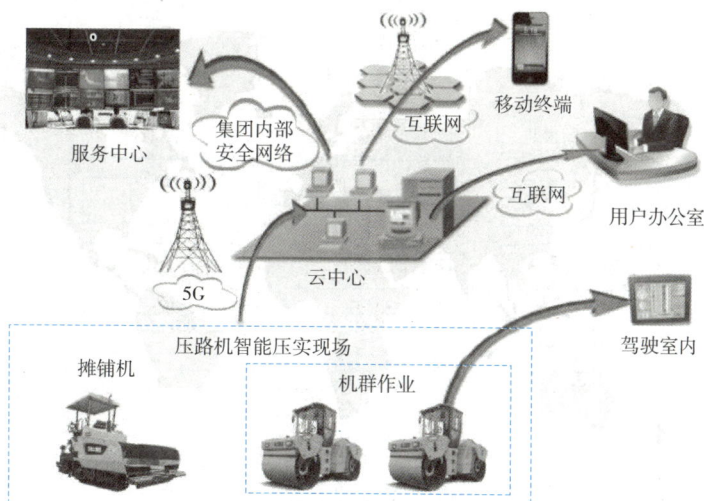

图 2-24　智能化摊铺压实管理系统

该集群实现无人化数字智能摊铺和碾压，进一步提升摊铺质量和保证碾压温度，做到不漏压、不过压、不超速，确保施工全场的安全、质量和进度可控管理。

2.2.2.3　智能盾构机

盾构法是地下隧道暗挖法施工中的一种全机械化施工方法，盾构机是一种使用盾构法的隧道掘进机，其构造简图如图 2-25 所示。

盾构施工方法由以下 5 个步骤组成：

第一，在放置盾构机的地方打一个垂直井，再用混凝土墙进行加固；

第二，将盾构机安装到井底，并装配相应的千斤顶作为推进系统；

第三，用螺旋输送机驱动刀盘转动，进行土体开挖，同时用千斤顶之力驱动井底部的盾构机往水平方向前进，形成隧道；

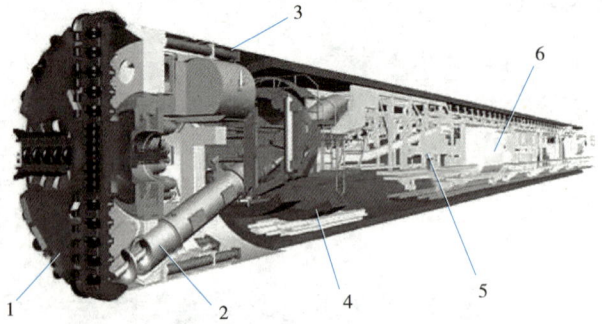

图 2-25　盾构机构造简图

1- 刀盘；2- 螺旋输送机；3- 推进系统；4- 管片；5- 土仓；
6- 土箱出土运输

第四，将开挖好的隧道边墙用事先制作好的混凝土管片加固，地压较高时可以采用浇铸的钢制管片来代替混凝土管片，支承四周围岩防止发生隧道内的坍塌。

第五，通过出土机械将土运出洞外。

时至今日，盾构机已经发展成为一种全面自动化、高度智能化的现代施工装备。智能盾构总体架构如图 2-26 所示。

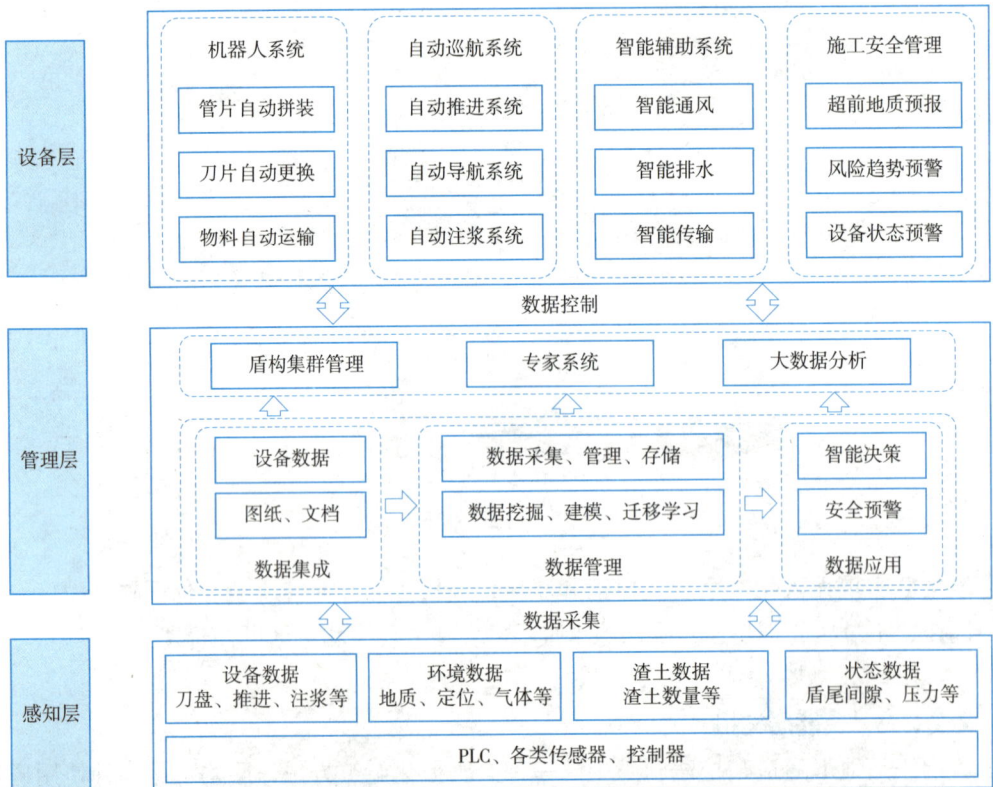

图 2-26　智能盾构总体架构

感知层主要解决智能化盾构施工中的复杂环境地质信息与设备状态信息的实时感知与识别。在传统地质预报方法基础上，利用地震波法探测距离远且断层识别度高的优势，提升前方不良地质状态预判精准度。挖掘监测数据实时处理和解析能力，提高前方地质信息透明化程度。对刀具磨损、机械振动等盾构设备关键状态参数进行智能感知监测，保证设备高可靠性。应用图像识别、三维扫描技术感知渣土体积、注浆质量等关键施工状态信息，以实现对盾构施工的远程控制。

管理层主要解决智能化盾构施工中的智能决策和参数优化问题。首先应用多元异构数据实时采集与融合技术，在传统通信互联网云平台的基础上叠加物联网、大数据、人工智能等新兴技术，实现多元异构数据实时采集与融合。基于对历史数据的"自主学习"，探索岩土体与盾构设备相互作用规律，形成专家系统，实现智能决策与参数优化。基于推进系统、刀盘系统、液压系统和电气系统的性能衰退机制研究，实现盾构机健康状态的智能诊断和安全预警。

设备层基于多元在线感知信息，构建以机器人为主的自动执行系统，包括管片拼装机器人、刀盘的自动换刀机器人、渣土自动清除系统和物料自动运输系统等；包含自主推进、自动导向、自动注浆的自主巡航掘进系统；包括智能通风、智能排水的智能辅助系统；还有诸如巡检机器人等智能预警系统（图 2-27~ 图 2-29）。

图 2-27　管片拼装机器人

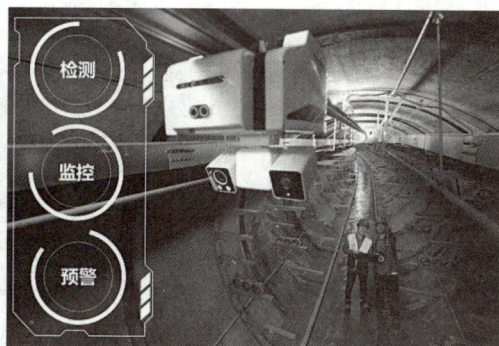

图 2-28　隧道巡检机器人

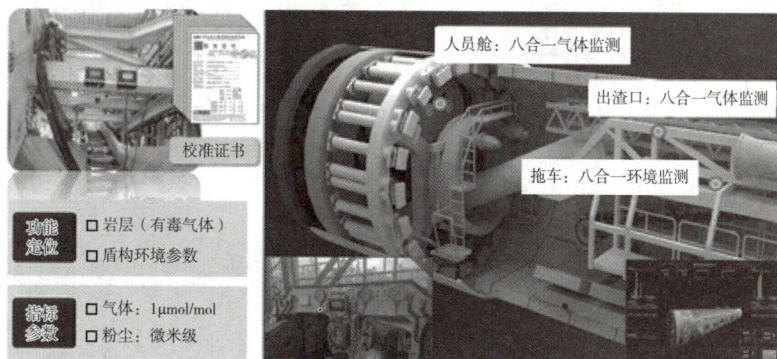

图 2-29　有害气体检测和智能通风系统

智能盾构分为两个阶段，自动巡航阶段可实现地质超前预报、按自主预测刀盘寿命选取换刀时机、自动推进、出土、注浆、注脂、轴线自动纠偏、管片自动拼装，渣土及各种材料的无人化自动运输与装卸等。智能掘进阶段，控制系统具有独立判断意识，可根据地质环境变化合理调整施工参数，可以根据施工中各种实发问题，自主指定解决方案并自动加以实施。

2.2.3　土方施工智能化机械装备的发展趋势

未来的智能土方机械将会表现为如下特征（图2-30）：

1. 高精度、高效率
传感系统精确定位、工作轨迹规划、行走路径规划、执行精确控制。

2. 节约能源
流量分配、能量匹配、数字控制、负载口独立柔性控制、能量回收。

3. 智能操控
基于大数据在线分析与决策、远程遥控、状态监测、自主作业。

4. 大数据与集群控制
人工智能技术、故障诊断、在线评估、远程群控、云通信、云计算。

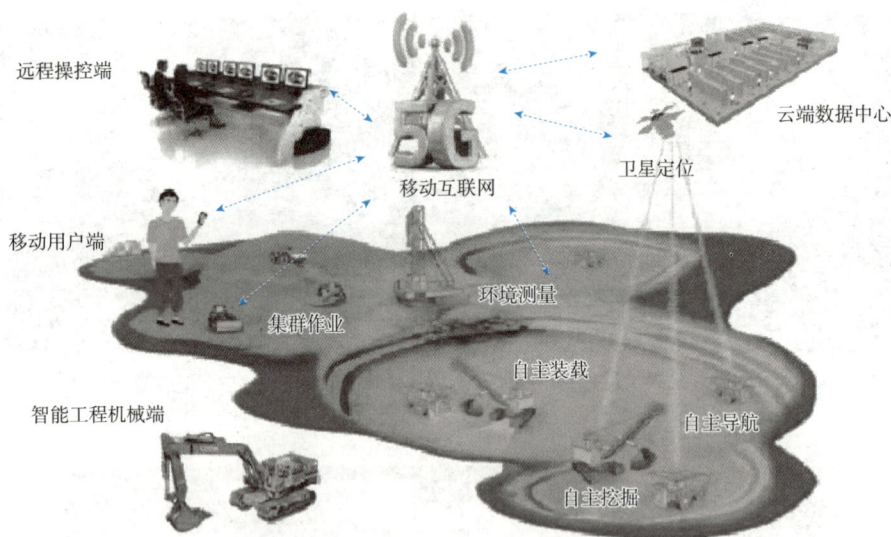

图2-30　未来的智能化土方机械施工场景

本章小结

传统土方施工机械装备的类型、构造及其适用场合和作业要求；土方施工智能化机械装备的技术特点、应用实例及发展趋势。

思考与习题

二维码 2-3
第 2 章　思考与习题答案

2-1 土方施工常见机械装备有哪些？

2-2 施工机械的智能化包含哪两个方面？

2-3 土方施工智能机械装备通常包括哪四个子系统？各自起到什么作用？

思考与习题答案请扫描二维码 2-3。

参考文献

[1] 陈裕成 . 建筑机械与设备 [M]. 北京：北京理工大学出版社，2014.

[2] 张洪 . 现代施工工程机械 [M]. 北京：机械工业出版社，2017.

[3] 吕广明 . 工程机械智能化技术 [M]. 北京：中国电力出版社，2007.

[4] 杨华勇 . 工程机械智能化进展与发展趋势 [J]. 建设机械技术与管理，2018（1）.

[5] 李运华 . 智能化挖掘机的研究现状与发展趋势 [J]. 机械工程学报，2020（7）.

第**3**章

起重吊装智能化机械与装备

📖 本章要点

1. 学习和理解起重吊装施工常见机械装备的类型，工作原理及应用场合；
2. 学习和理解智能起重吊装装备的技术特点、应用实例及发展趋势。

📰 教学目标

1. 了解塔式起重机、履带式起重机、汽车起重机、卷扬机等起重吊装设备的类型、构造及其适用场合和作业要求，能够针对不同作业场景选择合适的起重吊装设备，计算并采取措施提高其生产率；
2. 学习和理解智能吊装设备的传感器系统、环境感知系统和智慧运营系统，了解智能起重吊装机械装备的关键技术、工作原理、适用场合和施工技术要求，并将其正确运用到智能建造过程的起重吊装施工中。

📄 案例引入

R代"群英"一展所长，中联重科塔式起重机助力新疆交通建设

两岸青山环抱，四周怪石嶙峋，一线"宝塔"在蜿蜒河谷中列队，在新疆伊犁州的山岭深处，精伊公路项目精斯格布拉克特大桥施工现场，10台中联重科R代塔式起重机傲立，为物料吊装提供高效、稳定的支持，展现R代塔式起重机风采（图3-1）。

图3-1 中联重科R代塔式起重机在新疆助建公路大桥项目

中联重科新一代R代塔式起重机实现了全域安全，具备防超载、防冲顶、防碰撞、防吊锚、防溜钩、防台风等本质安全特质，性能优势非常突出。此外，中联重科塔式起重机智慧指挥中心平台具备远程、实时、可视、智能等优势，拥有十大核心功能，助力客户实现设备远程化、数字化管理升级，其推出的智慧指挥中心也成为项目建设保质量、提效率的"智慧大脑"。

思考问题1：R代塔式起重机如何实现防碰撞功能？

思考问题2：R代塔式起重机指挥中心平台如何实现远程控制、可视化？

二维码3-2
伸缩臂履带式起重机

3.1 常见起重吊装设备的主要类型及应用

工程起重机械是用于建筑和建设工程中的物料搬运机械，主要包括塔式起重机、汽车起重机、全地面起重机、履带式起重机、随车起重机、轮胎起重机和施工升降机等。这些机械主要应用于石油化工、水利水电、风电核电、海洋工程、港口码头、市政和交通运输等建设工程领域。本节将详细介绍塔式起重机、汽车起重机、履带式起重机的主要类型、特点及其应用要求，希望通过学习，为学生进一步深入理解起重吊装设备的技术特点、应用方法奠定基础。

3.1.1 塔式起重机

3.1.1.1 塔式起重机的概述

1. 定义与功能

二维码 3-3
塔式起重机工作原理

塔式起重机（为简化描述，本书部分简称塔机），是一种臂架位于基本垂直的塔身顶部、由动力驱动的回转臂架型起重机。塔机作业空间大，早期主要用于房屋建筑施工中物料的垂直和水平输送及建筑构件的安装。目前，塔机广泛应用于现代工业与民用建筑施工，以及水利水电、冶金、石油、化工、火电、核电、风力发电、港口和桥梁等行业大型建设工程的施工和吊装。塔机对于加快施工进度、缩短工期和降低工程造价起着重要的作用。

近年来塔机技术向智能化、绿色化方向快速发展。设计方法上，有限元分析、动力学仿真等技术优化了结构安全性和能效，缩短开发周期；零部件采用模块化组合设计，降低制造成本并提升通用性；智能化控制系统集成远程监控和故障自诊断功能，实现操作自动化和安全预警；制造环节推广绿色流水线生产，实现材料利用率提升、污染排放减少。

2. 塔机分类

1）根据组装方式，塔机可以分为部件组装和自行架设两种类型。

2）根据变幅方式，塔机可以分为小车变幅、动臂变幅和折臂式三种。

3）根据回转部位，塔机可以分为上回转和下回转两种。上回转塔机分为塔帽回转式、塔顶回转式、转柱式和上回转平台式。下回转塔机的回转装置设在塔身下部，当塔机回转时，塔身以上的转台、平衡重、起重臂等一起转动。

4）根据臂架类型，塔机可以分为水平臂架、动臂臂架、弯折臂架、伸缩臂架和铰接臂架等。

5）根据支承方式，塔机可以分为固定式和移动式。固定式塔机分为高度不变式和自升式。自升式塔机依靠自身的专门装置，增、减塔身标准节或整体自行爬升。移动式塔机还可分为轨道式、轮胎式、汽车式、履带式。

6）根据爬升方式，塔机可以分为附着式和内爬式。附着式塔机采用附着装置按一定间隔将塔身锚固在建筑物上。内爬式塔机设置在建筑物内部或外挂式内爬（外挂在建筑物的一侧），通过支承在结构物上的专用爬升机构，使整机能随着建筑物高度增加而升高。

7）根据安装方式，塔机可分为非快装式和快装式。

3.1.1.2 塔机的组成构造及工作原理

1. 工作原理

塔机装有起升装置和移动装置。起升装置可以让重物上升和下降，移动装置则包括变幅、回转和整机行走等功能，可以让重物在空间中移动。塔机可以固定安装，也可以移动或爬升。特定塔机可以根据施工需要完成部分或全部动作。塔机可以靠近建筑物，幅度利用率可达80%。相比之下，普通履带和轮胎起重机幅度利用率不超过50%，随着建筑物高度的增加，幅度利用率会急剧减少。因此，塔机在建筑施工中幅度利用率比其他类型起重机高，在高层工业和民用建筑施工中优势明显。此外，塔机可以采用顶升加节或内爬升的方式随着建筑物同步升高，具有起升高度高的特点。

2. 结构组成

塔式起重机由金属结构、工作装置、驱动控制系统和附带部件等部分构成。以水平臂回转塔式起重机为例，其组成部分如图3-2所示，主要包括以下4个部分。

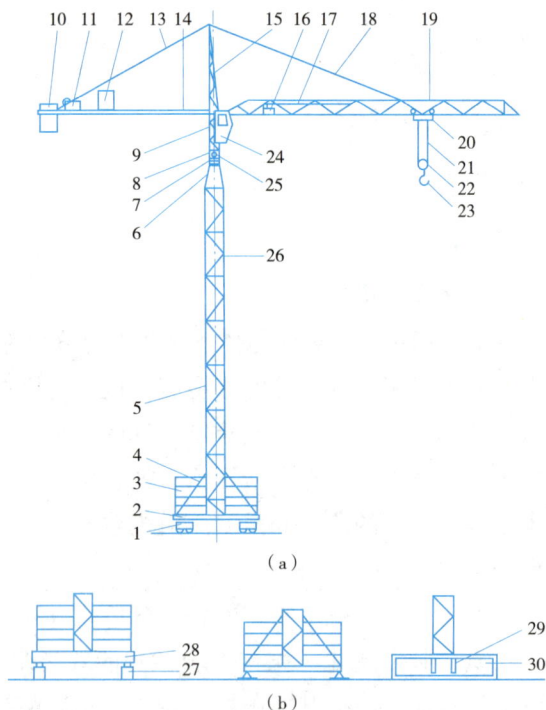

图3-2 上回转水平臂塔机
（a）移动式；（b）固定式
1—行走台车；2—底架；3—压重；4—塔身撑杆；5—塔身；6—回转支承座；7—回转支承；8—回转平台；9—回转塔身节；10—平衡重；11—起升机构；12—电控柜；13—平衡臂拉索；14—平衡臂；15—塔顶；16—小车变幅机构；17—小车变幅钢丝绳；18—臂架拉索；19—水平起重臂；20—小车；21—起升钢丝绳；22—起升滑轮组；23—吊钩；24—操纵室；25—回转机构；26—回转中心；27—支脚；28—固定底架；29—地脚螺栓；30—基础

1）金属结构作为塔机的主体框架，肩负着承载塔机自重及各类工作负荷的重任。它主要由塔身、塔头或塔帽、起重臂、平衡臂、回转平台、底架、台车、套架和爬升节等核心部件构成。根据构造差异或应用需求的不同，部分塔机部件可能会有所增减。

2）工作机构是为了满足塔机各种机械运动需求而设计的，主要包括起升机构、变幅机构、回转机构、运行机构和顶升机构等。起升机构负责实现重物的升降功能。变幅机构则调整吊钩与重物的幅度位置。回转机构使得起重臂能够进行360°旋转，从而改变吊钩与重物在工作平面内的位置。运行机构则负责整机的移动，以改变作业地点。而顶升机构则用于调整塔机的作业高度。

3）驱动控制系统用于确保各工作机构的稳定运行，涵盖液压系统、电气系统、安全保护装置及相应零配件。

4）附属部件包括基础与轨道、配重与压重、拖运装置、内爬框架、附着装置、排绳与拖绳装置以及检修装置等多个部分。这些附属部件的配置根据塔机类型和用途的不同而有所调整，使得塔机更加稳定、高效地运作。

3.1.1.3 塔机的技术性能参数与选型

1. 性能参数

塔机的主要性能参数如下：

最大起重力矩：表示为 M，是塔机在设计中确定的各种组合臂长中所能达到的最大工作幅度与最大额定起重量之积。它综合了起重量与幅度两个因素，全面反映了塔机的起重能力，单位为"t·m"。

幅度：表示为 R，是空载时回转中心线至吊钩中心垂线的水平距离。它反映了起重机不移动时的工作范围，单位为"m"。通常，最大（小）幅度被用作塔机在独立、运行、外爬附着或内爬状态时的性能参数。

起升高度：表示为 H，对于小车变幅塔机，是在空载状态下，塔身处于最大高度，吊钩处于最小幅度处，吊钩支承面对塔机基准面的允许最大垂直距离。对于动臂变幅塔机，起升高度分为最大幅度时起升高度和最小幅度时起升高度，单位为"m"。

额定起重量：表示为 Q，是在规定幅度时的最大起升能力，包括重物和取物装置（如吊钩和抓斗）的质量，单位为"t 或 kg"。

起重机质量：包括平衡重和固定基础（或压重）的整机质量，单位为"t"。

尾部回转半径：表示回转中心至平衡重或平衡臂端部的最大距离，单位为"m"。

起升速度：在起吊各稳定运行速度挡对应的最大额定起重量时，吊钩上升过程中稳定运动状态下的上升速度，单位为"m/min"。

小车变幅速度：针对小车变幅塔机，在起吊最大幅度的额定起重量、风速小于 3m/s 时，小车稳定运行的速度，单位为"m/min"。

回转速度：塔机在最大额定起重力矩载荷状态、风速小于 3m/s、吊钩位于最大高度时的稳定回转速度，单位为"m/min"。

慢降速度：指起升滑轮组处于最小倍率时，吊装允许的最大额定起重量，吊钩在稳定下降时的最低速度，单位为"m/min"。

运行速度：表示塔机在空载状态下，风速小于 3m/s，起重臂平行于轨道方向时，稳定运行的速度，单位为"m/min"。

2. 选用原则

在塔机选用的关键因素中，以下 8 点具有重要意义：第一，建筑物的形态与平面设计对塔机选择产生直接影响。第二，建筑的层数、层高以及总高度也将对塔机类型和性能提出相应要求。第三，工程实物量是决定塔机规模的重要依据。第四，建筑构件、制品、材料以及设备搬运量也应在选型时予以充分考虑。第五，建筑工期、施工节奏、施工流水段的划分以及施工进度安排均会影响塔机的选择。第六，建筑基地及周边施工环境条件，如附近已建成或正在施工的高层建筑、面临的道路状况、场内交通条件，以及是否存在妨碍塔机安装的障碍物等因素也应在决策时加以考虑。第七，本单位资源条件，如财务状况、大型设备管理及操作人员配备等，亦是影响塔机选用的关键因素。第八，当前塔机市场供应状况以及对经济效益指标的追求亦应在选用塔机时予以综合考虑。

塔机选型时要考虑以下因素：

关于起升、回转机构调速方案的先进性，主要评估其在调速过程中产生的惯性冲击和电流冲击大小，以及调速切换电流是否超过作业所能承受的峰值电流要求，以及调速过程是否平稳。

考虑起重能力是否满足规定标准。虽然许多塔机型号相同，但具体技术参数差异显著。由于各生产厂在型号标注上的不统一，有的强调最大工作幅度参数，有的强调最大幅度下的额定起重量，还有的强调单绳最大拉力等，因此同型号产品之间通常不具备可比性。

在选购过程中，用户需关注标注的参数，并了解塔机在基本臂长时的额定起重量是否达到相应系列的规定值。独立高度的适宜性是塔机选型的关键因素之一。另外，还需关注：最大工作幅度与最小工作幅度误差是否在规定范围内；起吊重物后塔身的变形量是否符合规定。若结构件因载荷引起的变形量过大，将影响塔机的稳定性。塔身变形量通常通过静态刚性考核来衡量，即在额定载荷作用下，塔身在起重臂连接处的水平静位移值应不大于 $1.34H/100$（其中 H 为起重臂臂根至塔机基准面的垂直距离）。此外，自重系数、能耗系数以及作业安全系数是否得到优化也是重要考量因素。最后，确保各类安全装置完备、灵敏且可靠。

3.1.1.4　塔机的使用管理
1. 安全使用标准与规范
塔机安全使用标准与规范见表 3-1。

塔机安全使用标准与规范　　　　　　　　　　　　　　　　　表 3-1

标准编号	标准名称
GB/T 20304—2006	塔式起重机　稳定性要求
GB 5144—2006	塔式起重机安全规程
TSG 51—2023	起重机械安全技术规程
GB/T 5031—2019	塔式起重机
JGJ/T 189—2009	建筑起重机械安全评估技术规程
JGJ 196—2010	建筑施工塔式起重机安装、使用、拆卸安全技术规程
GB/T 26471—2023	塔式起重机　安装、拆卸与爬升规则

2. 拆装与运输

依据塔机的起重臂长度、最大起升高度、平衡重量，以及塔帽、回转转台、底架、起重臂和平衡臂五大部件的重量及外形尺寸，确定拆卸与安装过程中所需的辅助起重设备，并编制出所需的运输车辆、其他机具、工具、吊具以及钢丝绳等详细清单。

1）根据现场条件进行场地作业区布置

在实施塔机的运输和拆装过程中，需进行以下 5 项内容的规划和确定：首先，明确塔机的运输路径；其次，设定塔机解体后运抵现场的堆放地点，选择时应尽可能靠近基础区域，以便于后续的安装工作，同时避免在场内进行二次搬运；接着，针对起重臂，一般采取分节运输的方式，并在现场进行拼装，因此需要确保起重臂拼装的场地；然后，选定电源箱的设置位置；最后，划定拆装作业的警戒区域，并相应地设立警戒标识。

2）拟定拆装工艺

制定各部件拆装程序表。确立安装、顶升、附着锚固、整机安装完毕后的具体技术要求。编制主要部件安装操作工艺。根据各部件重量、外形尺寸及安装高度，确定安装时汽车起重机的位置、臂长、起升高度、回转半径和起重量，以及钢丝绳的绑扎点位置、长度等参数。详述从起吊至就位安装的各个操作步骤。

依据拆装工艺所设定之工作岗位，明确职责与人员配置。在拆装作业班组中，应配备信号员、起重员、钳工、电工以及专业拆装工等岗位。

制定安全措施。在遵循一般安全要求的基础上，针对本次拆装过程中所遇到的安全问题，制定具体解决方案，明确拆装安全责任人及现场拆装安全监督员。在拆装技术方案制定完成后，需经技术主管审批，并进行交底后方可予以执行。

3.1.2 履带式起重机

3.1.2.1 履带式起重机的概述

1. 定义与功能

履带式起重机是一种将起重作业部分安装在履带底盘上的起重机，其行走功能依赖于履带装置。该类型起重机具备物料起吊、运输、装卸和安装等作业能力，并具有爬坡能力强、转弯半径小、接地比压低、起重性能优良以及可带载行走等优势特点，因此，在市政工程、石油化工、交通建设、电力建设等领域得到了广泛的应用。

履带式起重机的特点如下：

1）起重性能卓越。履带式起重机宽大履带支承，承载能力强，臂架轻，起重性能高，最大可达 4000t。

2）作业空间广阔。臂架组合多样，长度大，实现大作业幅度和高度。如 1600t 级履带式起重机，主臂 156m，主副臂最大组合 108m+120m，作业高度 220m，幅度 125m。

3）原地转弯。两条履带行走装置正反向运动，实现原地转弯。

4）带载行走。履带行走平稳，可带荷载近距离缓慢运行。

5）接地压力小。两条宽大履带增大接触面积，降低对地压力。如 50t 级履带式起重机空载平均接地比压 0.1MPa（10t/m^2）。

2. 分类

依据动力源的差异，履带式起重机可划分为发动机驱动、电动机驱动以及混合动力驱动三种类型。

履带式起重机依据吨位规模可分为小吨位（不超过 50t）、中吨位（50t 至 300t 之间）、大吨位（300t 至 1000t 之间）以及超大吨位（1000t 及以上）。

依据传动方法的不同，履带式起重机可划分为机械型和液压型。机械式履带式起重机为早期应用较为广泛的一种传动方式，但随着液压技术的日益发展及应用，现阶段液压式履带式起重机已占据主导地位。

履带式起重机分为桁架臂式和伸缩臂式。桁架臂式是典型形态，伸缩臂式是改良品种，尤其在中小吨位领域应用广泛，具备载重行走功能。大吨位应用也日益增多，如利勃海尔 1200t 级产品。

依据超起装置的存在与否，履带式起重机可分为两款类型：标准型与超起型。标准型为履带式起重机的常规配置，而超起型则在原有基础上，增添了诸如超起桅杆、超起配重以及液压元件和机构传动部件等必要组件，以提高产品利用率，增大起重能力。此类型号通常应用于大吨位产品之中。

3.1.2.2 履带式起重机的构造与工作原理

1. 工作原理

履带式起重机具备对重型物体进行升降和平移的能力。物体升降运动的实现可通过起升机构或调整臂架角度的变幅机构，同时，回转机构能使物体以回转中心为圆心进行圆周方向移动。履带式起重机的独特优势在于其载重行走能力，通过行走机构使重物随起重机同步移动。

履带式起重机凭借其较大的起重量和工作幅度，必须具备卓越的抗倾覆稳定性，这一特性彰显了杠杆原理。当前方吊装有重物时，会相对于履带前端的"支点"（即倾覆线）产生倾覆力矩。此时，履带式起重机自身的重量会相对于支点产生抗倾覆力矩，从而防止设备向前倾斜。因此，为了确保起重性能的高效，履带式起重机必须具备合理的自重与重心位置，以确保在吊载过程中不会发生倾覆。

2. 构造

履带式起重机的结构可分为主要承载部件，自上而下包括臂架、转台、车架以及履带架，同时配备有配重和附属配件等。

1）臂架

臂架类型主要包括主臂、固定副臂和塔式副臂三种，它们可以组合形成三种作业形式，分别为主臂作业、固定副臂作业以及塔式副臂作业。

2）转台

转台发挥着承上启下的功能，将臂架与变幅机构所传递的负载，通过回转支承，传递至下车部分。转台尾部设有配重，用以防止翻覆现象的发生。转台上安装有各类机构及动力组件。

3）车架

车架，作为一种连接转台与履带架的结构性部件，其形式通常呈 H 形。然而，为了便于运输，也有将其设计为放射状的形式。针对大吨位起重机，鉴于运输尺寸及重量的约束，分体式设计成为常见方案。

4）履带架

履带架承担着将由车架传输的荷载最终传导至地面的任务，其功能为支撑整个机体，因此需要具备充足的强度和刚度。根据布置方式的差异，履带架可分为开放式和封闭式两类。

5）超起结构

为了实现起重能力的最大化，发挥结构的承载力，可以在标配履带式起重机的基础上，通过添加适当结构来提升起重能力，这种结构被称为超起结构。

3.1.2.3 履带式起重机的技术性能参数与选型

1. 技术性能参数

1）起重量 Q

履带式起重机的额定起重量是指在正常工作状态下，允许一次性提升的最大质量，单位为吨（t）或千克（kg）。此处的起重量特指臂架头部以下的所有质量，包括吊钩、臂架头部至吊钩动滑轮组之间的钢丝绳质量。起重量主要取决于结构强度（以臂架为主要考量因素）和整机的倾覆稳定性。在不同幅度、不同臂长条件下，起重量会有所差异，从而形成了起重性能表。

2）起重力矩 M

履带式起重机的起重力矩，即为其起重量（Q）与对应工作幅度（R）的乘积，用公式表示为 $M=QR$，单位为吨米（t·m）。最大起重力矩则是指在起重机正常工作状态下，其起重力矩的最大值，通常在最大起重量附近达到。起重力矩是评估起重性能的重要指标，例如，美国特雷克斯公司的 CC8800-17wn 型履带式起重机，其最大起重量为 3200t，最大起重力矩为 44000t·m；而美国兰普森（Lampson）公司的 LTL2600 型履带式起重机，其最大起重量为 2600t，最大起重力矩高达 80000t·m。

3）工作幅度 R

履带式起重机的工作幅度指的是吊钩中心至回转中心的水平距离，单位为米（m）。该幅度会因臂架长度及工作角度的变动而产生变化，并通过相应的幅度曲线进行表示。其计算公式为：

$$R=L\cos\theta+Y_1\sin\theta+X_b \qquad (3-1)$$

式中　L——臂架长度（m）；

　　　θ——臂架仰角（°）；

Y_1——臂头滑轮组中心与臂架轴线的垂直距离（m）；

X_b——臂架根部铰点与整车回转中心的水平距离（m）。

4）起升高度 H

履带式起重机的起升高度，是指吊钩中心与地面的垂直距离，单位为米（m）。该参数与工作幅度相似，均会随着臂架长度的变化以及工作角度的调整而产生相应变化。因此，可以通过获取起升高度曲线来了解不同臂架长度和工作角度下的起升高度。

其计算公式为：

$$H=L\sin\theta-Y_1\cos\theta+Y_b-H_r-H_h \tag{3-2}$$

式中　Y_b——臂架根部铰点距地面的垂直距离（m）；

H_r——限位高度，即臂头滑轮组中心到吊钩滑轮组中心的最小垂直距离（m）；

H_h——吊钩滑轮组到吊钩中心的垂直距离（m）。

5）机构工作速度 V

机构工作速度包括变幅、起升、行走和回转四个机构的速度。

6）自重 G

履带式起重机的自重是指起重机在作业状态下的全部质量，以吨（t）或千克（kg）为单位。技术参数表中列出的自重通常是在最小作业主臂条件下的起重机自重，不包括吊钩的自重。

7）接地比压 p

接地比压是指履带在单位面积上所承受的垂直载荷，其单位为兆帕（MPa）。接地比压可以分为平均接地比压和实际接地比压。

8）爬坡能力

爬坡能力是指在空载状态下，履带式起重机在正常路面上能够爬越的最大坡度，其单位可采用百分比或度来表示。对于小吨位的履带式起重机而言，其爬坡能力是一项至关重要的行驶能力指标，通常为30%（相当于17°的坡度），而大吨位履带式起重机则对此并无特定要求。

表 3-2 展示了某 750t 级履带式起重机的技术参数。

某 750t 级履带式起重机技术参数　　　　　　　　　　　　表 3-2

技术参数	数值
最大起重量（t）	380
主臂最大长度（m）	105
最大起重量 × 幅度（t·m）	750×6
（主臂 + 副臂）最大长度组合（m）	63+105
回转速度（r/min）	1.5
接地长度 × 轨距（m×m）	10.6×8.8
变幅速度（m/min）	70

续表

技术参数	数值
起升速度（m/min）	130
行走速度（km/h）	1.65
爬坡能力（%）	20
发动机转速（r/min）	1800
接地比压（MPa）	0.13
基本臂时自重（t）	420
发动机功率（kW）	400

2. 选型

1）履带式起重机应用领域

以下对各工程领域履带式起重机的要求进行总结，见表 3-3。

各工程领域对履带式起重机的要求　　　　　　　　　　表 3-3

工程领域	对履带式起重机的要求
风电工程	长臂，小幅度，大起重量；标准型主臂、塔式副臂工况；超起型主臂、塔式副臂工况，小副臂工况为主
核电工程	长臂，大幅度，大起重力矩；标准型主臂工况，超起型主臂工况为主
海洋工程	中长臂，小幅度，大起重量；多机协同工况；标准型主臂工况，超起型主臂工况为主
火电工程	中长臂，小幅度，中等起重量；标准型固定副臂工况，塔式副臂工况为主

2）履带式起重机选型方法和注意事项

在工程建设中，履带式起重机可能担任多种角色。首先，它可能仅在一次吊装任务中发挥作用，此情况称为单机单任务。其次，它可能多次使用，但每次的任务均不相同，此情况称为单机多任务。最后，它可能与其他起重机协同作业，称为多机，既可以是单任务也可以是多任务。由于其所承担的角色各异，因此在产品选型上也存在一定差异。单机单任务作业是其他作业的基础，因此在进行起重机选型时，皆以之为起点展开工作。

3. 履带式起重机的使用管理

1）安全使用标准与规范

表 3-4 涵盖了与履带式起重机相关技术标准和规范。

履带式起重机相关技术标准与规范　　　　　　　　　　表 3-4

序号	标准编号	标准名称
1	GB/T 3811—2008	起重机设计规范
2	GB/T 17909.2—2021	起重机　起重机操作手册　第 2 部分：流动式起重机
3	GB/T 6067.1—2010	起重机械安全规程　第 1 部分：总则

续表

序号	标准编号	标准名称
4	GB/T 5905.1—2023	起重机 检验与试验规范 第1部分：通则
5	GB/T 14560—2022	履带起重机

2）拆装与运输

鉴于履带式起重机自重较大，且可能对路面造成损伤，其在使用过程中往往避免进行长距离行走。当迁移作业场地时，无论起重机吨位大小，都必须拆卸部分部件，随后借助其他运输工具进行搬运。抵达目的地后，还需重新组装以投入运作。通常情况下，受运输工具载重和通过尺寸的限制，吨位较大的起重机在运输过程中需拆卸的部件较多。因此，拆装工艺性对履带式起重机的工作效率及经济性产生直接影响。

现代履带式起重机产品均具备一定的自拆装能力。自拆装概念指的是，在无须外部辅助的情况下，利用现有部件并添加少量辅助部件，实现整机拆解与组装，涵盖运输车辆上的装卸过程。具备完善自拆装功能的履带式起重机，在拆装过程中所应用的部件已形成一个完整的自拆装系统，并在产品研发阶段就得到充分考虑，从而使履带式起重机具备优良的综合性能。这一卓越的自拆装性能在很大程度上提升了产品市场竞争力，同时也为履带式起重机这类产品注入了更为强大的生命力。

3）安全使用规程

（1）起重机使用前的工作

驾驶员须具备特种作业操作资格证书方可上岗。在进行吊装作业前，应根据相关标准对钢丝绳进行全面检查。确保端头连接稳固，无松动或移位现象，同时绳卡的数量、安装方向以及间距均需符合规定。钢丝绳应保持完好无损，且维护保养得当。

（2）起重机启动前的检查工作

在起重机启动之前，必须对其关键项目进行全面检查，并确保满足以下条件：①各项安全防护装置及指示仪表完备且性能优良；②钢丝绳及其连接部位符合相关规定；③燃油、润滑油、液压油、冷却水等已充足添加；④各连接部件无松动现象；⑤主离合器处于分离状态，所有操作杆置于空挡位置；⑥起重机启动后，应进行传动部分的单独试运行，确保各操作装置正常运作。同时，制动器及限位、限载装置应具备灵敏可靠的性能。

（3）起吊作业前的工作

在开展吊装作业前，应根据实际条件（如物品安装位置、重量、提升高度等）恰当选择滑轮组的倍数、起重臂的长度和仰角。

3.1.3　汽车起重机

3.1.3.1　汽车起重机的概述

1. 定义与功能

汽车起重机是一种搭载于普通或专用汽车底盘上的起重设备，其特点是将行驶驾驶室与起重操纵室分开设置，同时臂架系统可分为箱形伸缩臂架和桁架式臂架两种类型。这类起重机符合公路行驶规范，具有适当的轴荷、外形尺寸、总重和行驶速度，能够在公路上顺畅行驶，转场便捷，因此在工程建设领域得到了广泛应用。

2. 分类

汽车起重机的分类可根据起重量、传动形式、臂架转动范围、臂架结构形式、控制方式、总体结构和支腿形式等因素进行。起重量分为轻型（5t 以下）、中型（5~15t）、重型（15~50t）和超重型（50t 以上）。近年来，随着市场需求和技术进步，国内最大汽车起重机的起重量已提升至 220t。

根据传动方式，汽车起重机可分为机械传动、液压传动和电力传动三种。依据臂架在水平面内的转动范围，其可分为全回转式和非全回转式；全回转式可在 360° 内任意转动，非全回转式的转台转角小于 270°。

汽车起重机还可按照臂架结构形式分为伸缩式、折叠式和桁架式，按控制方式分为液控和电控两种，按总体结构方面，可分为可升降操纵室式、普通操纵室式、高操纵室塔架式等。

在支腿形式上，汽车起重机可分为 H 形支腿、X 形支腿和蛙式支腿。蛙式支腿适用于较小吨位的起重机，跨距较小；X 形支腿易产生滑移，较少采用；H 形支腿能实现较大跨距，对整机稳定性具有显著优势，因此我国生产的液压汽车起重机多采用 H 形支腿。

3.1.3.2 汽车起重机的工作原理与组成

1. 工作原理

在汽车起重机进行工作时，其下车支腿需全面展开并稳定地置于坚实地面，从而确保起重作业的顺利进行。以箱形伸缩臂汽车起重机为例（图 3-3），臂架系统随上车转台进行回转，通过变幅液压缸来调整臂架系统的变幅角度，利用伸缩液压缸实现臂架的长度调整（在变幅平面内，伸缩臂受力可视为悬臂梁）。汽车起重机借助吊钩的升降、上车的回转以及变幅等动作，实现物体的升降和位置转移。

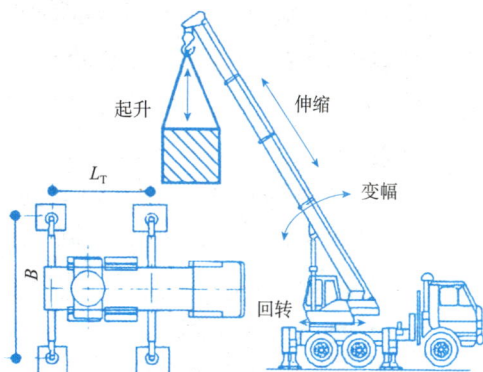

图 3-3　箱形伸缩臂汽车起重机作业示意图

2. 结构组成

汽车起重机的结构主要由上车和下车两个部分组成。上车部分的核心构件包括臂架（主臂与副臂）和转台；下车部分则主要由底盘、固定支腿箱以及活动支腿构成。在底盘的设计上，可分为两类：一类是通用底盘与副车架的组合；另一类则是专用的底盘设计。

3.1.3.3 汽车起重机的技术性能参数与选型

1. 技术性能参数

1）起重量

起重机在进行重物吊运时，所能承载的质量称为起重量，通常以"Q"为表示，单位可为"kg 或 t"。汽车起重机的起重量取决于设备结构强度、机构工作性能以及整机稳定性三个方面的因素。

2）幅度

起重机的吊钩中心与回转中心的水平间距被定义为幅度。通常情况下，起重机的幅度是在额定起重量下，回转中心轴线与吊钩中心的水平距离，用"R"表示，单位为"m"。

3）起重力矩

起重力矩是指起重量载荷与相应工作幅度的乘积，用"M"表示，公式为 $M=Q \times g \times R$，单位为"N·m"，其中 g 取 9.8N/kg。最大起重力矩即作业时起重力矩的最大值，亦称其为起重机的额定起重力矩。起重力矩是一个综合起重量与幅度两个因素的参数，因此，它能够较为全面且准确地反映起重机的起重能力。特别是对于大吨位起重机而言，额定起重量仅为名义起重量，而额定起重力矩在评估起重机的吊装能力方面具有更高的实际意义。

4）支腿跨距

汽车起重机的设计旨在提升其在大幅度起重过程中的稳定性，通过活动支腿的设置，增强了起重过程中的稳定力矩。支腿的跨距分为纵向和横向两种。

纵向跨距（L_t）：在起重机停放在水平路面上，支腿处于全放状态时，通过同侧前、后支腿座中心，并垂直于起重机纵向轴线的两个垂直面之间的距离，单位为"m"。

横向跨距（L_b）：在支腿全放状态下，过两侧支腿座中心，并垂直于起重机纵向轴线的垂面，左、右两支腿座中心之间的距离，单位为"m"。

5）起升高度

起升高度是指从地面至吊钩钩口中心的垂直距离。额定起升高度是指在满载情况下，吊钩升至最高极限位置时，自吊钩钩口中心至地面的距离，以"H"表示，单位为"m"。汽车起重机的随车资料中，通常会包含起升高度与工作幅度之间的关系曲线。

2. 选型要领

汽车起重机的设计遵循整机工作级别 A4 标准，主要适用于建筑安装以及短期装卸作业。然而，其并不适用于长期持续的装卸作业。若主要在货场等固定场所进行装卸作业，应适当调整连续作业时长，定期停机降温，并缩短维护与保养的间隔周期。长时间持续的装卸作业将降低汽车起重机的工作寿命。

设备选型的合理性直接影响其运用效益，关乎资源的高效利用。在选定起重机类型时，用户需充分考虑常态下的作业需求，结合所在地设备的实际情况，依据常用起重货物的重量和安装位置，挑选出汽车起重机的最大额定起升质量、起升高度和幅度。在选择最大额定起升质量时，要兼顾安全与经济性，保留一定的余量，既不宜过大，以免带来经济负担和设备利用率低的问题，也不宜过小，以降低汽车起重机的运行成本。

在决定租赁起重机之前，应制定合适的吊装方案，根据工作任务确定合适的车型和租赁时长，以确保作业的安全性和经济性。

在挑选汽车起重机时，在确定了所需采购起重机的提升能力之后，需要对同类型产品进行全方位的多角度对比。注意，即便在同一吨位等级中，不同型号的产品也存在差异，需分析各型号设备的优劣势。汽车起重机的性能优异与否，与其主要部件的质量密切相关，这是确保设备高效运行的基础。此外，同类型产品间存在不同的配置，用户可根据实际需求进行选择。当然，不同配置的价格也会有所不同，用户应在满足自身需求的前提下，力求实现性价比最大化。

3.1.3.4　汽车起重机的使用管理
1. 安全使用标准与规范

汽车起重机的相关标准繁多，涵盖了汽车底盘设计的严格规定以及起重设备特殊设计的要求。以下列举部分主要规范，见表 3-5。

汽车起重机相关标准与规范　　　　　　　　　　　　　　　　　　表 3-5

标准号	标准名称
JB/T 9738—2015	汽车起重机
GB 1589—2016	汽车、挂车及汽车列车外廓尺寸、轴荷及质量限值
GB/T 19924—2021	流动式起重机　稳定性的确定
GB/T 3811—2008	起重机设计规范
GB/T 6068—2021	汽车起重机和轮胎起重机试验规范
GB/T 6067.1—2010	起重机械安全规程　第 1 部分：总则
GB 7258—2017	机动车运行安全技术条件
JB/T 10170—2013	流动式起重机　起升机构试验规范

2. 拆装与运输

为确保汽车起重机具备优良的通行性能并满足公路行驶标准，其车身宽度最佳控制在不超过 2.5m。因此，针对 35t 以下的车型，车宽一般均能保持在 2.5m 以内。然而，随着吨位的增加，布局设计愈发复杂，车宽控制难度增大。即便如此，当前市场上最大吨位的汽车起重机最大宽度仍控制在 3m 以内。至于整车高度，不得超过 4m。

对于 70t 以下的产品，附件随车辆一同行驶，长途行驶过程中，副臂置于主臂侧面或下方，在需求时可进行拆卸与安装。而对于 80t 及以上的产品，除了副臂可进行拆卸外，还需进行配重的自行安装与拆卸，此时在转场作业时，应配备相应的卡车用于运输配重或副臂等。

3. 安全使用规程

1）汽车起重机驾驶员须接受专业培训，并通过相关部门的考核，取得特种作业证书后，方可合法操作起重设备。在酒后或身体状况不适宜的情况下，严禁操作起重机。同时，未取得相应证书的人员不得擅自操作汽车起重机。

2）应遵循起重机制造商的规定，及时对起重机实施维护保养，定期进行检验，确保车辆始终保持良好状态。

3）在进行起重作业时，务必遵循起重特性表所指定的起重量和作业半径，超负荷作业是严格禁止的。在吊装物体时，还需注意不得超出制造商规定的风速范围。

4）汽车起重机的停放场地应确保平整坚实，并需与沟渠、基坑保持适当的安全距离。

5）在出发前，务必确保臂杆、吊钩及支腿已妥善收回。行驶过程中，保持适中的速度，避免突然刹车。穿越铁路道口或行驶在不平整的道路上时，须降低速度谨慎行驶。下坡时禁止空挡滑行，倒车时务必有专人监控。冬季行驶时，路面需做好防滑措施。

6）在进行作业前，必须确保汽车起重机的所有支腿已全部伸出。针对松软或承载能力不足的地面，应在撑脚下垫置枕木。然后调整支腿，使机体保持水平。

7）调整支腿的操作应在无负载状态下进行，将已伸出的臂杆收回并调整至前方或后方，作业过程中严禁操作支腿控制阀。

8）在进行汽车起重机操作之前，务必确保各部件齐全完好，符合安全规范。启动起重机后，应进行空载运转，全面检查各项操作设备、制动器、液压系统及安全装置等部件，确认其工作情况是否正常、灵敏且可靠。禁止在机件存在故障的情况下进行运行。在开始作业前，需确认起重机回转区域内无任何障碍物。

9）在场地条件较为松软的情况下，务必实施试吊（吊重离地高度不得超过30cm），以确保对起重机各支腿的稳固性进行排查。在确认各支腿无松动或下陷现象后，方可安全地进行后续起吊作业。

10）在吊装重型物品时，首先将物体提升至离地面约10cm的高度，然后检查起重机的稳定性以及制动器等部件的灵活性和有效性。在确保各项指标均正常的情况下，方可继续进行吊装作业。

11）在进行满负荷或接近满负荷起吊时，起重机应禁止同时进行两种或两种以上的操作动作。起重臂的左右旋转角度不得超过45°，且斜吊、拉吊以及快速起落等行为均严格禁止。此外，带重负荷伸长臂杆的操作亦属严禁。

12）在夜间进行起重机作业时，必须确保作业现场配备充足的照明设备，并保持畅通的吊运通道。同时，起重机与周边设备、建筑物之间应保持适当的安全距离，以免在运行过程中发生碰撞。

13）操作起重机时，应保持缓慢且稳定的速度，仅在特殊情况下方可实施紧急操作。

14）在两台起重机协同起吊重型物品的过程中，务必设有专人进行统一指挥。为确保安全，两台起重机的升降速度应保持一致，同时，被吊物品的重量不得超过两台起重机允许起重量总和的 75%。在绑扎吊索时，需注意合理分配负荷，每台起重机所承担的负荷不得超过其允许最大起重量的 80%。

15）在起重机运作过程中，吊挂物体应尽量避免穿越驾驶室上方。作业区域、起重臂下方、吊钩及被吊物体下方区域，严禁人员站立、作业或通行。当负荷在空中时，驾驶员不得离弃驾驶室。

16）在起重机临近带电线路进行作业时，务必确保与带电线路之间具备充足的安全间距。根据表 3-6 所示，最大回转半径范围内，允许与输电线路的最近距离可予以参照。值得注意的是，雾天作业时，为保证安全，应对安全距离进行适当扩大。

允许与输电线路的最近距离 表 3-6

输电线路电压（kV）	允许与输电线路的最近距离（m）
<1	1.5
1～20	2
35～110	4
154	5
220	6

17）在起重机运作过程中，为确保安全性，吊钩与滑轮之间需保持适当间距，防止卷扬过度导致钢丝绳断裂或起重臂翻转。同时，卷筒上的钢丝绳在运行时不得全部释放，应保留三圈以上。

18）在起重机运行过程中，禁止对其进行维修及调整部件。同时，严禁非相关人员进入驾驶室。

19）驾驶员与起重操作员务必保持紧密协作，服从指挥人员的信号指令。在操作起始阶段，应先行鸣响喇叭警示。如遇指挥手势模糊或存在错误，驾驶员有权拒绝执行。在工作过程中，驾驶员接收到任何人员发出的紧急停车信号时，须立即停车。待安全隐患得以消除后，方可继续进行工作。

20）严格禁止作业人员搭乘吊物进行升降，工作期间严禁用手触碰钢丝绳与滑轮。

21）在暂停施工或休息期间，严禁将吊装物悬置于空中。夜间作业需确保充足的光照条件。

3.1.4 卷扬机

3.1.4.1 卷扬机的概述

1. 定义与功能

卷扬机作为一种起重设备，凭借其结构紧凑、搬运便捷、维护简便、操作简易、价格实惠以及高度可靠等特点，在物料升降、水平或倾斜拖运重物、桩基施工、木材收集、冷轧钢筋加工以及设备安装等领域得到了广泛应用。

二维码 3-4
卷扬机

卷扬机的核心功能之一便是提升重物，其设计理念即以此为基础。尽管塔式起重机和汽车起重机等设备在一定程度上了替代了卷扬机的部分工作，如塔式起重机在建筑工地上用于物料和构件的提升，但由于塔式起重机成本较高，一般仅在大型建筑中使用，且其灵活性相对较差。因此，在中小型建筑中，卷扬机仍然得到了广泛的应用。即便在大型建筑中，尽管配备了塔式起重机，但仍需借助卷扬机进行辅助提升。汽车起重机虽具备较高的灵活性，但其成本过高，因此在建筑业中的普及程度有限。大型设备的安装任务仍主要由卷扬机承担。

除建筑工地和设备安装外，卷扬机在冶金、矿山等行业中也发挥着广泛的作用，如小型矿井物料的提升、高炉料钟的提升以及船舶锚链的提升等。在进行重物提升时，卷扬机需配备门字架、桅杆等辅助设备。正因具备多样化的应用场景，卷扬机不仅在建筑业中得到广泛应用，还在化工、冶金、水电、军事、交通运输及农业等领域发挥着重要作用。

2. 主要类型

卷扬机由于应用领域广泛，为了满足各种不同的使用环境，制造商生产了各种不同类型的产品。对这些机型进行分类的方法众多，现阶段主要采用如下分类方式。

1）按钢丝绳额定拉力分

根据《建筑卷扬机》GB/T 1955—2019 的规定，钢丝绳在基准层上所能承受的最大拉力分为 5kN，7.5kN，10kN，12.5kN，16kN，20kN，25kN，32kN，40kN，50kN，63kN，80kN，100kN，125kN，160kN，200kN，250kN，320kN，400kN，500kN，630kN，800kN，1000kN，1250kN，1600kN，2000kN，2500kN 共 27 个等级。这些等级是卷扬机的主要参数。

2）按钢丝绳额定速度分

钢丝绳在基准层上的出绳速度是卷扬机的一项关键性能参数。根据这一速度，可以将卷扬机分为以下 4 种：卷扬机绳速为 9~15m/min；卷扬机绳速为 15~30m/min；卷扬机绳速为 30~45m/min；卷扬机绳速大于 45m/min。为满足特殊需求，还研发了一种变速卷扬机，其速度可调，包括双速、三速及多速等类型。

3）按卷筒数目分

卷扬机上卷筒数目的多少，对其结构具有直接影响。根据卷筒数量，卷扬机可分为单筒、双筒和多筒三类。现阶段，市场上主要生产的是单筒和双筒卷扬机，这些卷扬机的卷筒均为工作卷筒。若增设卷筒，大多为辅助性质，其直径相对较小。

4）按动力源分

鉴于工作环境之差异，各类卷扬机所采用的动力源亦各有不同。手动卷扬机适用于无动力供应之处的小型卷扬设备；电动卷扬机则成为大多数卷扬机的主导类型；内燃机卷扬机则在无电源的区域发挥作用；气动卷扬机在无法使用电源的场合得以应用；液压卷扬机则在与其他设备配套使用且具备液压源的条件下运行。

5）按传动形式分

开式轮传动，作为最早的一种形式，现今主要应用于手动卷扬机。而闭式圆柱齿轮传动，以其快速单筒卷扬机的特性，得以广泛应用。

6）按控制方法分

手控卷扬机通过人工操作闸门，实现对卷扬机提升或下放重物的控制；电控卷扬机则借助电动控制按钮和电磁铁制动器来实现工作；液控卷扬机则利用压力油来控制卷筒的离合与制动；气控卷扬机则依赖于气动控制系统；而自动控制卷扬机则借助限位器进行工作状态的控制。

7）按用途分

卷扬机的设计因其应用场景和条件而有所不同。对于提升重物（如物料和构件），卷扬机需要具备一定的速度，以提高生产效率，同时，安全性至关重要，以防意外坠落。对于设备安装，由于设备本身质量较大，卷扬机需要具备较强的提升能力。为确保安装精度，其速度不宜过高；而为了防止坠落，安全性要求更高。在曳引物品的情况下，由于工作一般在水平或倾斜方向进行，卷扬机需要具备卷筒正反转功能，以使物品能够前后移动。对于打桩作业，卷扬机需将重物提升至一定高度后，使其具备自由落体下降的能力，实现打桩功能，即卷扬机应具备溜放性能。

卷扬机尽管种类繁多，但由于应用场景的复杂性，绝对区分它们实属困难。事实上，一台卷扬机往往需承担多种工作任务，因此在设计卷扬机时，用途划分并不明确，而是优先满足使用要求较高的需求。如此一来，卷扬机得以实现多功能一体，从而广泛应用于各类场景。

3.1.4.2 卷扬机的结构

以电控卷扬机为例，该类卷扬机通过供电与断电实现工作与制动之间的切换。物料的升降通过电动机的正反转来完成，操作过程简洁便捷。其主要制动类型包括电磁铁制动器和锥形转子电动机两类。图 3-4 展示了单卷筒配备电磁铁制动器的圆柱齿轮减速器快速卷扬机。

卷扬机的设计普遍将电动机、传动系统以及卷筒等组件集成在一个稳固的机座上，形成一个完整的设备体系。这样的设计既便于设备的运输，又能确保其稳固性。

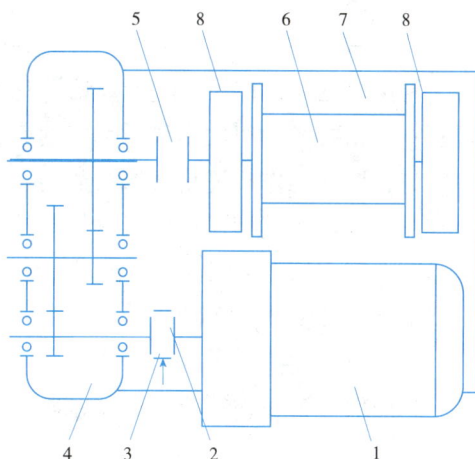

图 3-4　圆柱齿轮减速器快速卷扬机简图
1—电动机；2—联轴器；3—制动器；4—减速器；
5—联轴器；6—卷筒；7—底座；8—支架

3.1.4.3 卷扬机的使用管理

1. 卷扬机使用

卷扬机的正确操作与保养对于确保生产安全及延长机器使用寿命具有重大影响。

1）卷扬机的安装与调试

在卷扬机的安装、拆卸及搬运过程中，务必保持其平稳，避免过度倾斜。启动时须确保稳定，同时，严禁产生冲击或剧烈震动。

在卷扬机的安装过程中，可根据实际需求选择移动使用或固定使用的方式。若选择移动使用，需将卷扬机稳固安装在方枕木排上，并确保木排与底架通过钢索与地锚紧密连接，防止松动。若选择固定使用，则需准备混凝土地基，利用水平仪确定水平线。在灌注水泥过程中，需预先留出截面为 $A \times B$ 的方孔，A、B 尺寸及孔数根据地脚螺栓尺寸而定。待地脚螺栓安装完毕后，将水泥注入孔中，待其硬化，再缓慢均匀地旋紧螺母。地基孔深 H 可根据当地土壤状况进行调整。

在卷扬机安装后、使用前要做好以下各项检查和调整工作。检查与观察轴承、减速器箱内的齿轮啮合面是否清洁，清除脏物，润滑油应当充足，卷扬机工作应安全可靠，这主要取决于制动装置以及其他相关机件的正确动作，因此在使用前，必须做好检查和调整工作：检查制动闸瓦与制动轮的接触面积应不小于总面积的 80%，松闸时制动闸瓦全部脱离制动，并保持一定的径向间隙，不同类型卷扬机的间隙大小不一，按技术要求决定。制动器的调正应以连接杆和调节螺钉来进行。

在启动卷扬机之前，必须先进行空载和负载运行，并确保满足以下条件：

（1）制动器稳定可靠，动作精确且灵敏。

（2）各传动部件和滑动部件动作顺畅，无异常噪声和卡滞现象。

（3）连接部件无松动现象。

在此基础上，卷扬机方可正常运行。

2）卷扬机一般操作规程

（1）承担职责

卷扬机的操作应由经过专业培训且熟知安全操作规范的员工负责，他们应承担以下职责：①掌控卷扬机的操作。②持续检查卷扬机的工作状态是否正常，周围环境是否存在障碍，以及工作环境是否保持清洁。③随时关注卷扬机的润滑状况，并在需要时及时添加润滑剂。④定期对卷扬机进行维护，并能及时排除故障。⑤注意监测吊起物品的重量是否在额定拉力范围内，若超过此范围，则不得进行操作。⑥重视制动装置的正确性。⑦严格遵守安全技术规程。

（2）前期准备

①确保设备安装正确，螺栓连接处紧密牢固，尤其注意电动机及制动器的螺栓紧固状况。

②检查钢丝绳在卷筒上的固定稳定性及位置准确性，确认钢丝绳是否存在断丝现象。

③通过无负荷启动试验，验证起重装置及制动器的正常运行状况和转向准确性。

④若电气设备包括电动机、控制箱、交流凸轮控制器、制动电磁铁等，需确保凸轮控制器手把置于"0"位。

（3）操作

①在完成上述准备工作后，开启电阻箱门，关闭空气开关，接通电源。根据需求方向旋转控制器手轮，直至电动机达到稳定运行状态，此时转子回路中的附加电阻已被切除。

②在正常停车过程中，只需将控制器手轮移至"0"位，即可实现停车。此时，电阻器的电阻逐步接入转子回路，导致电动机转速逐渐降低，电磁铁停止工作，制动器启动，进而实现主机的停车。

③在发生电器事故时，如过载、失压（通常降低额定电压10%）或零压，事故停车设备内的空气开关断路器的脱扣器会立即启动，以此切断电源，使主机停止运行，从而保护电动机及电气设备。若需长时间停车，应开启空气开关，切断电源。

2. 卷扬机的维护与安全技术

1）卷扬机的维护

（1）在设备正常运行期间，为确保性能稳定，建议每隔约一年或在一个工期结束后进行一次全面检修。在此过程中，应更换已磨损的轴承及其他易损零部件，并对日常运行中发现的问题进行及时维修。

（2）在卷扬机运行过程中，需持续监视并检查制动器、离合器及停止器的功能表现和磨损状况，以确保及时排除故障。

（3）在长时间未曾使用卷扬机后，若要再次启用，应按照新安装的卷扬机或经过大修后的检查试验方法进行。在运输和保养卷扬机的过程中，应确保其放置在干燥的环境中，同时，各部件应具备有效的防潮、防腐措施。

（4）在拆卸过程中，务必确保各部件协同作业，避免表面受损，详细检查摩擦表面的磨损状况，评估各齿轮、轴承的运行状态，以及各转动部件和连接部件的磨损情况，同时关注电气元件的性能。若发现上述部件的损坏影响机器的正常使用，应立即进行更换。

（5）卷扬机在工作过程中可能出现的故障及处理方法如下：

①制动器磨损导致间隙过大，进而影响制动可靠性。针对此问题，应及时调整间隙或更换相应部件。

②轴承因磨损或润滑不足而产生过热。根据实际情况，应改善润滑条件或更换轴承。

③由于固定轴承的螺栓松动，导致轴承发生振动。在此情况下，应立即紧固螺栓，确保其稳固。

④电动机过载导致发热，或电动机轴承过热。在此情况下，应停车冷却，按时添加润滑油，并尽量减少负载。

（6）在进行电气设备检查之前，务必先开启电源开关。为确保设备清洁，需定期清理灰尘、污物和油腻等，严禁触头部位有油脂，接点如有烧损或氧化，应使用细砂纸进行打磨。绝缘圈不得使用汽油清洗，为防止衔铁铁芯接触面生锈，应定期涂抹机器油并擦拭干净，同时要检查电阻器铸铁铁片各段是否断裂。

在电动机满载运行时，最大允许不平衡电压为5%，不平衡电流为10%。此时应密切关注电动机的旋转声音、电刷与滑环间是否有火花，以及电动机是否过热，确保各项参数均在允许范围内。

2）卷扬机的安全技术

（1）从业人员在执行任务时，务必严格遵守操作规程，确保交接工作完善。工作时需向周边同事发出警示，严禁靠近设备。操作人员离场时务必切断电源。

（2）卷扬机运行过程中，禁止任何物体靠近或掉落于卷扬机上。

（3）卷扬机运行时，严禁突然断电。

（4）在重物下滑过程中，钢丝绳张力不得松弛，卷筒上预留的钢丝绳绕三圈以上。

（5）长时间吊挂重物未卸载时，应使停止器生效。开车前需先将停止器脱离。

（6）严禁在起重物下方或桅杆下方站立，同时禁止载人起吊。

（7）若需带重物跑车，不得使用停止器，仅可采用制动器逐渐加力制动。避免用力过猛，以免损伤设备。

（8）启动设备和电动机应接地，操作电气控制箱时切勿打开。

（9）发现设备存在故障或损坏时，应立即停用，不得继续运行。

（10）应在提升极限高度处设置限位开关，以防过卷导致设备损坏。

（11）严禁将接地线与三相四线制中性线连接，各类电气线路必须配备短路保护措施。

3.2　智能起重吊装设备的技术特点及其应用案例

近年来，起重吊装设备的智能化水平不断提升，智能塔式起重机被成功开发出来并得到推广应用。本节将紧跟技术发展前沿，举例介绍智能塔式起重机的关键技术，希望通过学习，为学生深入理解起重吊装设备的核心技术和工作原理，并将其正确运用到智能建造过程的起重吊装设备机械施工中奠定基础。

3.2.1　智能起重机功能与特点

智能起重机能够根据预设工艺自动完成移动、搬运等操作，具备可编程、自动控制、人机交互、故障诊断及远程管理等特性。同时，它具有规划、感知、执行、学习、协作、数据与信息管理等类人智能功能；研究领域涵盖智能监测、智能控制、智能管理以及基于大数据的智能设计等方面；涉及学科包括电气工程、机械工程、信息与计算机科学、自动控制与检测、智能控制以及网络通信等。

起重机的基本搬运作业流程由操作员根据生产需求进行。操作员需前往取物地点，将吊钩下降以吊取物品，然后将其提升至指定高度。接着，在遵循预定路径的基础上，将物品运送至下一流程地点，并完成卸载。在此过程中，操作员需接收各类生产任务指令，判断取物地点，并根据实际情况选择可行的指令，将物品运送至指定地点，直至完成整个搬运过程。

在工作中，操作员需确保物品在搬运过程中保持稳定且准确到位，同时关注起重机运行是否存在报警或故障，并根据故障等级采取相应措施。为确保起重机的正常运行，维护工作需严格按照设计要求进行。监控系统的人机界面为使用者提供直观的信息展示，程序软件具备一定程度的调整和升级能力，同时提供远程培训和在线指导，以提高服务实时性和工作效率。

智能化的起重搬运设备在执行任务时，首先通过通信技术从控制中心获取任务信息。随后，设备根据吊钩防摇技术、吊钩三维定位技术以及物料识别技术，精确地移动至取物区域，并将物料搬运至指定位置。在设备运行过程中，安全监控管理技术实时在线监控设备状态，并作出相应的响应。

此外，设备还应具备自动物料信息扫描、自动选择取料地点和目标地点、自动搬运物料、路径规划、吊钩防摇摆功能、定位装置、自动记录工作量并实现报表查询、显示存储故障报警等功能。同时，与控制中心进行信息交换，实现远程在线功能。根据数据汇总，提供故障诊断结果和维护指导意见。设备还能够实现异地在线监控和程序修改，上传的数据可供研发部门作为优化设计的参考。

智能起重机的应用能够取代人力劳动，部分替代脑力劳动，实现人与机器、物品的交互与深度融合。据此，智能起重机可完成感知、决策与执行的全过程，实时监控运行状态并予以记忆，为起重机设计提供数据支撑，实现全面的控制与管理。

3.2.2 智能起重机控制系统的架构

智能起重机控制系统可划分为三个层级，分别为工厂级、设备级及远程管理级。图 3-5 展示了智能起重机控制系统的架构示意。

设备级系统，即单台智能搬运起重机的控制系统，担任着单台智能化起重机单机设备的运行监控管理职责，全面管控下属设备的全自动运行，执行控制中心下发的各项指

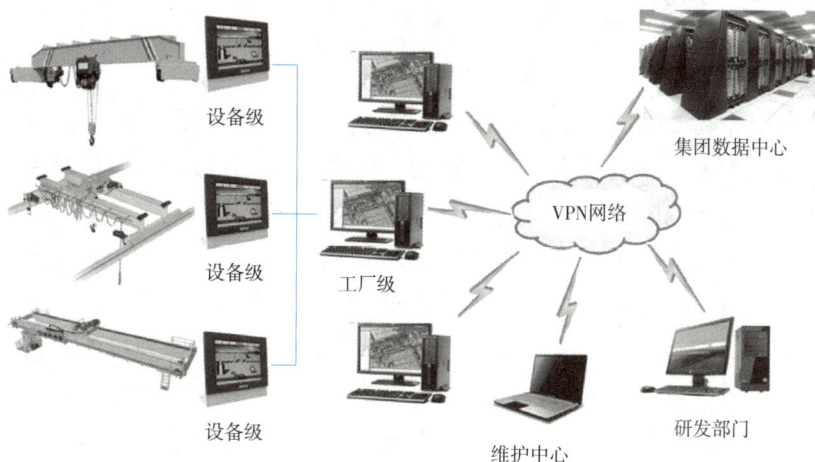

图 3-5 智能起重机控制系统的架构示意图

令，并将相关的监控管理数据传输至工厂级平台。设备级平台由单机控制系统、定位与防摇装置、自动化控制与物料信息扫描系统共同构成。单机控制系统以 PLC 为核心，配合人机界面、变频器和各类检测元器件，实现与外部的数据交换，根据程序控制，驱动起重机各机构运行，达成全自动运行与设备监控。人机界面现场展示起重机的供电、故障、载荷、吊钩位置、控制模式、检测元件状态、各机构运行状态等关键信息。自动化控制与物料信息扫描系统通过总线通信与中控系统实现数据交换，独立运行，负责一台起重机的监控管理。起重机定位与防摇装置依据控制算法，将大车、小车、吊钩的位置、速度及吊钩摆角控制在误差范围内。自动监控与物料信息扫描系统主要职能是根据物料分布和工艺要求在车间内进行任务调度，包括但不限于自动识别物料分布，向监控系统和起重机控制系统传输信息，根据工艺需求发布自动运行指令。

工厂级系统整合厂区内各设备级系统与工厂级服务器，构建网络连接，实现实时监控与数据收集，涵盖设备运行状态、记录、打印及传输相关运行记录。根据生产需求，系统能自动调度设备运行，并提供日常维护与技术指导。工厂级平台通常设立在厂区主控室内，配备一台性能稳定、高速处理能力的计算机作为主要设备，同时配备光纤、总线、无线网络等通信设备。监控软件、数据库软件、自动化生产管理软件部署于计算机内，负责信号采集、故障自检、数据存储与管理、自动运行控制、信息传输等安全运行与远程监控功能。设备级平台与工厂级平台通过厂级局域网实现互联互通，所有采集信息实时读取并汇总管理。在工厂级控制平台上，可远程操控起重机的启动、停止，选择自动控制模式，设定任务种类，任务优先级高低决定执行顺序，同优先级任务则按照时间顺序执行。

远程管理系统通过 VPN 网络实现对各工厂设备群的远程集中监控与管理，能够实时掌握各级设备的运行状况，并将所有设备运行数据予以保存。在管理中心，我们建立了设备数据中心，根据设备使用状况评估主要部件的生命周期，为用户提供切实可行的使用与维护建议。同时，借助大数据分析系统，以优化起重机的设计。

3.2.3 智能起重吊装设备的关键技术

3.2.3.1 安全监控及远程服务技术

智能起重机械在效率、安全、成本和能耗方面提出了更高的要求。通过运用安全监控及远程服务技术，能够实现实时故障监控，并进行远程故障诊断，从而提升起重机行业的服务水平、安全保障和快速响应能力，以及设备维护和管理能力。起重机械安全监控系统为全方位监控提供了可能，能够长期直接或间接测量起重机械运行参数，同时记录执行指令和起重机载重情况。基于这些长期实际运营设备的详细数据，起重机设计者和研究人员可获取同批次类似型号起重机的完整可靠数据，结合现场工况进行大数据分析，为优化起重机械设计提供支持。安全监控及远程服务技术的研发与应用，有助于提高整个起重机体系的管理效能，进一步促进起重机械智能化水准的提升，进而带动起重机械行业自我优化与发展。

安全监控与远程服务技术是由安全监控系统、VPN 网络系统、数据平台及分析系统等组成部分构成的。数据平台秉持面向服务构架的理念，系统应具备可靠性、可扩展性与可管理性特性，能够对起重机械的电气控制系统实施远程连接、数据搜集以及数据储存。数据平台服务器的设计架构需遵循安全稳定、实用可靠、技术先进、可扩充性、易用性及可维护性的原则，同时综合考量实际状况、特定需求，形成一套系统化、完整化、全面化、合理化的解决方案。安全监控系统负责对起重机械的状态与故障信息进行数据采集、数据处理以及数据上传。数据平台与安全监控系统采用工业级 VPN 技术，建立数据平台与每台起重机的数据连接，实现远程维护与升级（图 3-6）。

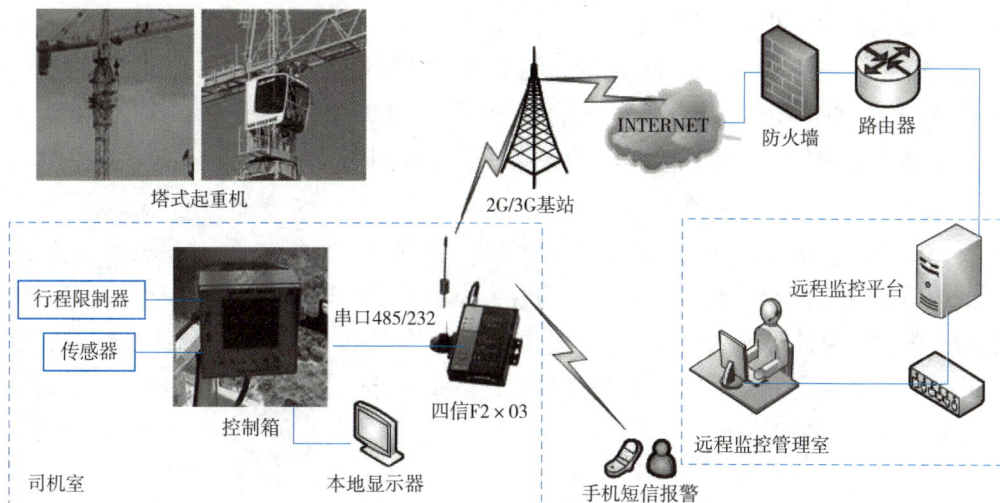

图 3-6　智能起重机安全监控及远程服务技术

进入 21 世纪，无人机技术迅速发展，摆脱传统军用型无人机个头大的劣势，便携式民用无人机进入公众视野。民用无人机以其小巧灵活的特点，能够搭载各种传感器，满足各个行业的需求，目前被广泛用于环境监测、快递、遥感测绘、地质勘探、电力巡线、通信中继、森林防火、灾难救援、影视拍摄、农业等行业，同时无人机也作为辅助工具在建筑施工行业起到很重要的作用。无人机小巧轻便容易携带，经过培训学习，无人机操作上手比较快，在建筑施工现场能够代替摄像头对项目进行全方位的监控。无人机成本低，可以重复使用，对于危险环境下的作业区域可以轻松获取实时画面，管理人员无须涉险攀登，在工作室即可完成对现场情况的掌控。无人机与信息化系统相结合，系统可以直接对传输画面进行危险源识别，弥补了人工巡查的主观判断误差。无人机工作环境在空中，通过设置航线或者手动操作，可以弥补摄像头监控盲区的缺点，对现场全方位覆盖监管。无人机作为建筑工程施工安全监管工作的辅助工具，具有较多优势。

现场安全巡检内容包括两方面，人员安全监控和施工作业安全监控，前者主要是人员是否佩戴安全装置，如安全帽等，有无危险行为，如抽烟等，后者主要是工人安全防护措施缺失，如工人作业临边、洞口防护缺失；后者主要为施工作业是否规范、是否符合标准的监控。通过无人机定时多次的巡检，可以提高人员施工的警觉性，通过有效的监控手段还可以预防一些安全问题的发生，对于项目安全管理具有重要意义。无人机搭载摄像头能够将现场的施工情况，航拍画面实时传输至遥控器终端，通过视频推流，AI智慧工地综合管理系统对无人机传输的画面进行识别，将报警信息发送到管理人员客户端。安全管理人员及时安排专门人员对隐患排查，及时销项，在系统中完场闭合。

3.2.3.2 货物信息识别、校验、反馈技术

在智能制造和智能物流领域，货物识别技术得到了广泛的应用。该技术涵盖了物品信息数据的采集、编码、标识、读取、传输和管理等环节，对于不同形态的货物和包装，采用相应类型的信息识别方法，是智能起重机实现自动搬运过程中的关键环节。起重机搬运的物品及类型主要包括：卷（如纸卷、钢卷、薄膜卷等）、箱（如料箱、集装箱、转运箱等）、块（如钢坯、钢板、盾构构件等）、捆（如型钢、钢管、螺纹钢等）、盘（如盘条、电缆等）、件（如斗、包等）、根（如轨道、H型钢、工字钢、梁等）以及散状物料等。

常用的识别方法涵盖条码、RFID射频标签、图像及图形格式信息识别技术。针对各类包装形式物品的随身信息存储方式、内容、识别手段等现状与需求，初步制定了相应包装形式的信息存储与识别技术方案。其中包括条码识别、RFID射频识别、光字符识别、语音识别、磁识别等特定格式信息识别技术，以及图像、图形识别、生物特征识别等图像、图形格式信息识别技术。

3.2.3.3 吊具防摇技术

在自动化生产过程中，对桥式起重机吊钩位置的精确控制需求较高。然而，在起重机运行过程中，受平移机构加减速等因素影响，吊钩可能产生较大幅度摆动。这种摆动导致负载装卸难以定位，并存在潜在生产安全隐患。因此，研究桥式起重机防摇摆问题对于提高生产效率，以及提升起重机运行的自动化和智能化水平具有深远意义。

在国际范围内，桥式起重机的防摇技术在工程应用中主要采用三种形式：一是带摆角反馈装置的变频防摇技术；二是以摆角控制算法为核心的变频调速防摇技术；三是速度控制算法的变频防摇技术。这些技术均依赖于专用变频防摇卡件来实现调速防摇功能。为了满足桥式起重机防摇的需求，全球知名的起重设备供应商已研发出具备防摇功能的变频驱动桥式起重机。此外，部分变频器供应商也开发出基于自家品牌的专用防摇卡件。这些产品的应用显著提升了桥式起重机在运行过程中的自动化水平。

现如今，我国桥式起重机防摇算法领域的研究取得了丰硕的成果，然而，在实际应用中，相关国产设备仍有很大的提升空间。为此，急需采用高效、通用性强的变频防摇装置，以提高国产设备的自动化水平。

随着自动控制技术的日益进步，诸多经典控制策略逐渐被应用于防摇摆控制领域，如输入整形控制、自适应控制、PID控制及鲁棒控制等。部分方法已成功应用于实际生

产中，如某集团所生产的基于输入整形技术的防摇摆控制器，表现出良好的控制效果。然而，随着汽车装配、航空航天、冶金制造等行业对桥式起重机定位及防摆控制精度要求的不断提高，有必要引入新的控制理论及方法以满足日益增长的需求。近年来，智能控制技术的飞速发展促使研究人员将其应用于防摇控制领域，包括神经网络控制、专家控制、模糊控制等，为研究开辟了新篇章。得益于各类传感器检测精度的显著提升及可编程芯片的广泛应用，高速数据采集及防摇算法的快速运算得以实现，为智能防摇摆控制器的研发提供了有力支持。若智能控制方法在桥式起重机精确定位和快速消摆方面得到实际应用，将大幅减轻桥式起重机驾驶员的工作负担，使整个工作过程更为稳定和安全，大幅提升搬运效率，减少起重机的数量，并能满足高精度装配作业，实现吊装自动化。

3.2.3.4　全自动控制系统及软件技术

针对散料、箱、捆、卷等不同物品的堆放形式和存储需求，研发适应当前工况的监控管理系统 MES，涵盖接口子系统、货位库存管理子系统、物品识别子系统、调度与起重机运行子系统、空间定位子系统等。起重机的全自动控制系统能够从控制室实现起重机的启动、停止，选择自动控制模式，以及执行任务种类。

全自动控制工艺设计包括停车、多种优先级的搬运任务等。根据优先级和时间顺序，系统依次执行任务。对于散料堆场，系统需进行矩阵式分块，确定取料点和堆放点。选择堆取点时，需获取料位的采样数据，并依据采样点的高程、平面位置和相互间距离进行挑选。在全自动工作模式下，全自动控制系统根据优先级执行生产任务。在起重机未执行任务时，控制软件按照任务优先级顺序查询是否需要执行。对于同优先级任务，按时间先入先出原则执行。若所需物料可用于生产，生成取物搬运地址并启动任务；否则自动跳过当前任务，转入下一个待执行任务。全自动控制系统作为全自动运行调度中心，由高性能计算机和其他附加设备组成，协调分配起重机进行泊车、搬运等任务。厂内 DCS 系统负责提供任务信号，确定起重机运行方式。

3.2.3.5　三维空间定位技术

起重机的三维定位技术涉及多个方面，包括被吊物品的外形监测、空位探测，实际存放位置的一维、二维、三维认址、定位方法，以及起重机取物装置的一维、二维、三维认址、定位方法。这些技术需要针对不同物品、不同取物装置以及不同定位精度要求进行相应的传感器与技术方案研究。目前，常用的定位传感器包括限位开关、接近开关、编码器、条码定位器和齿轮齿条定位等。这些传感器和技术方案为起重机的定位提供了有效支持，确保了起重作业的准确性和安全性。

1）在此处，我们所讨论的限位开关主要是指常用的机械接触式限位开关，如直柄式、十字式以及凸轮式限位开关等。这类限位开关的定位精度相对较低，且在复位过程中存在回程现象，因此，它们通常适用于定位要求不高的工作场合。

2）接近开关通过非机械接触方式实现开关信号的输出，主要包括电容式、电感式、光电式和霍尔式等。此类开关适用于定位精度要求不高的场景，但在复杂电磁环境下可能受到干扰。

3）编码器安装在运行机构轮轴上，可获取速度和位置信息，并与变频器连接，充当速度和位置反馈元件。然而，若安装在车轮轴上，可能会出现打滑现象导致定位偏差。为消除此类偏差，可采用定点校准方法进行处理。

4）条码定位器借助扫描运行路径上的一维条形码以获取精确的位置数据，其定位精度高达 ±1mm，并能兼容各类传输和通信方式。

5）齿轮齿条定位系统将一根齿条安装于轨道梁之上，起重机配备了一款与齿条相啮合的编码器齿轮。当齿轮转动时，编码器发出定位信号，用于指导平移机构的定位。然而，在实际应用中，应充分考虑到防止因震动等外部因素导致齿轮与齿条之间产生脱节现象。

近年来，针对塔式起重机三维空间定位的研究主要聚焦于多传感器融合技术。通过多传感器信息融合，能够实时监测并精确估算出每个时刻机臂、小车及负载的到达位置，从而将定位结果及时、准确地反馈给塔式起重机控制系统，实现塔式起重机精确定位。

多传感器信息融合，又称为数据融合，它是对多种信息、多资源信息的获取、表示及其内在联系进行综合处理和优化的技术。这一技术的实现和发展，是以信息电子学的原理、方法、技术为基础的。通过综合处理来自多个传感器或多源的信息，多传感器信息融合技术能够得出更为准确、可靠的信息，它是高层次的信息处理方式。多传感器信息融合技术在解决探测、定位、目标识别等问题上，能够带来很多性能裨益。具体来说，它能够增强系统的生存能力，扩展时空的覆盖范围，增加可信度，减少信息的模糊性，增加测量空间的维数，提高鲁棒性和容错性，增强对任务和环境的自适应性等。多传感器信息融合技术从多信息的视角进行处理及综合，提取各种信息的内在联系和规律，剔除无用或错误的信息，保留正确和有用的成分，最终实现信息的优化。这一技术可以大大减轻工作人员的工作量，提高置信度。

3.2.3.6 智能化吊具的研制

针对不同类型物品，需对各类取物装置的生产状况与实际应用情况进行深入研究，以开发适用于智能起重机的自动取物装置，并确立各类物品的自动取物技术方案。此类装置包括但不限于 C 形钩、吊钩、真空吸盘、电磁吸盘、夹钳、货叉、挂梁、夹具、罐体、箱式吊具、抓斗、抓具等。针对各类吊具，还可研发相应的智能管理系统，实时监测抓具的电气、液压、温度、负载、油位、位置、姿态等运行状态信息，并通过无线传输、总线通信等方式实现现场在线监控，同时将数据就地保存至数据库。在具备远程连接条件时，可通过互联网将数据传输至生产商服务中心，以提供进一步的服务支持。

3.2.4 智能起重吊装设备的应用案例

3.2.4.1 智能塔式起重机的传感器系统（图3-7）

鉴于塔式起重机长期在户外运行，其工作状态受温度、降雨及大风等气候因素影响。在监控设备中，关键部分为倾角测量装置，该装置旨在实时监测塔身倾斜角度。鉴于塔身顶端的倾角变化较小，倾角测量装置的采样频率需在 0.5~10Hz 范围内，且具备高测量精度。同时，需过滤塔顶振动产生的噪声，确保通信顺畅且判断准确。通过有效检测塔身在启用前及使用过程中的倾角大小，当倾角超过临界值时，及时报警，可有效预防塔式起重机倾翻事故的发生。

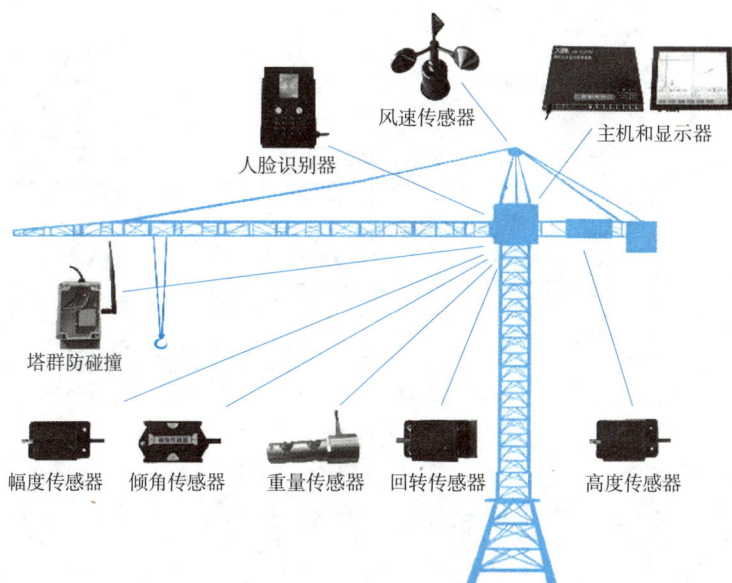

图 3-7 智能塔式起重机的传感器系统

应用 HWT905 姿态角度传感器实时监测塔身的角度，实时地反映出角度数据变化，便于塔式起重机平衡的评估以及工人维修。

3.2.4.2 智能塔式起重机的安全监控系统（图3-8）

塔式起重机安全防护系统是一种针对建筑塔式起重机设计的集成电子系统，其主要功能是防止塔式起重机之间以及塔式起重机与其他物体之间的碰撞，同时阻止塔式起重机吊物非法侵入禁行区域。该系统为所有可能发生的碰撞及非法入侵提供实时预警，并通过远程监控、地面管理以及无线传输等多种媒介表现形式，实现智能测控。作为现代建筑重型起重机的安全防护监控设备，塔式起重机安全防护系统具有重要应用价值。

塔式起重机群智能防碰撞安全防护系统，涵盖两大核心子系统：塔式起重机防碰撞安全防护系统与塔式起重机群远程监控系统。

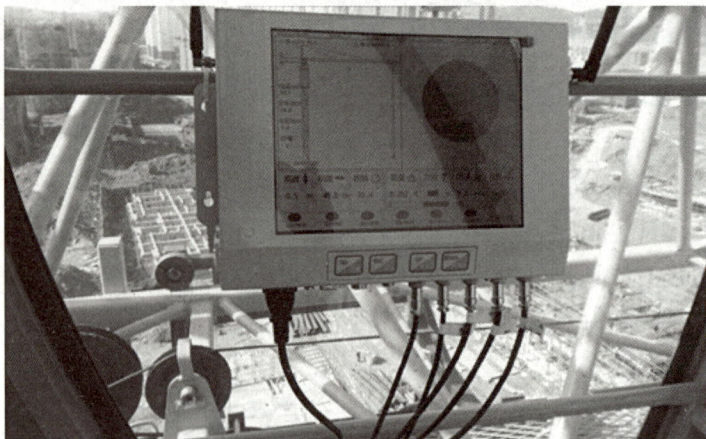

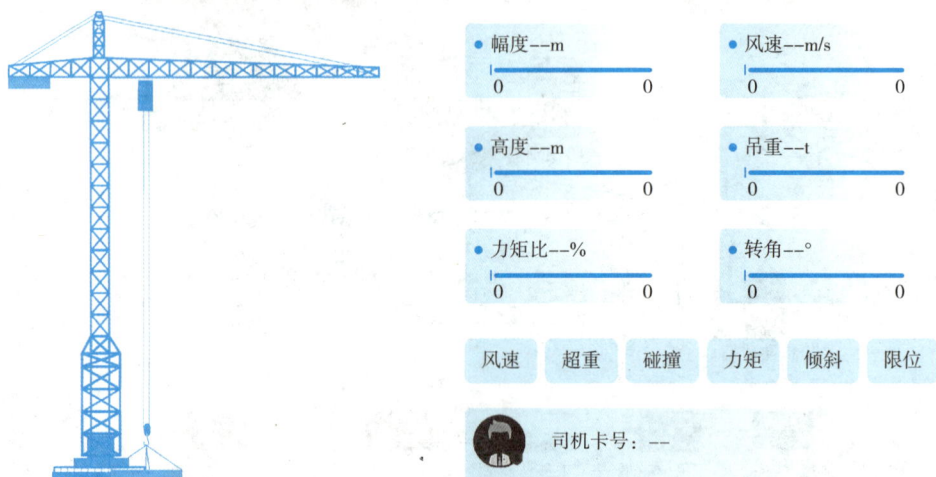

图 3-8 智能塔式起重机的安全监控系统

　　塔式起重机智能安全防护系统的主要功能包括防碰撞警报、限位警报、禁行区防护、制动控制、实时运行状态监控、运行过程记录、历史运行状态查询，以及碰撞事故黑匣子记忆等（图 3-9、图 3-10）。

　　起重机械安全监控模块能够实现对塔式起重机、升降机的实时监控，以及声光预警报警、数据远程传输、平台集中监控与管理。在检测到违章操作时，该模块将发出预警、报警信号，并自动终止起重机械的危险动作，从而有效防止和降低安全事故的发生。

　　智慧工地全面解决方案在于大型塔式起重机上部署塔机安全监测预警系统，该系统实时监测塔式起重机各项参数，如大臂回转角、幅度、载重、高度、倾角及风速等，同时进行人脸识别。相关数据同步至云平台，实现塔式起重机间碰撞的实时预警，并自动实施制动控制。针对特定塔式起重机，依据载重与幅度曲线，对每次吊装负荷进行实时监控。

　　塔式起重机安全监控管理系统广泛应用于动臂和平头塔机，集成了传感器技术、嵌入式技术、数据采集与处理技术、无线传感网络以及远程通信技术。通过前端监控设备

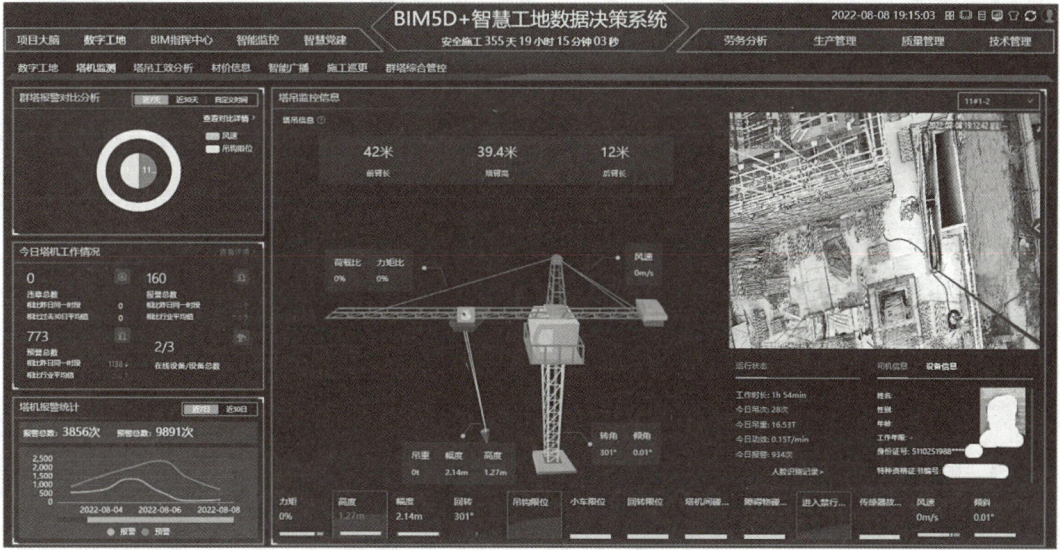

图 3-9　实时运行状态监控界面

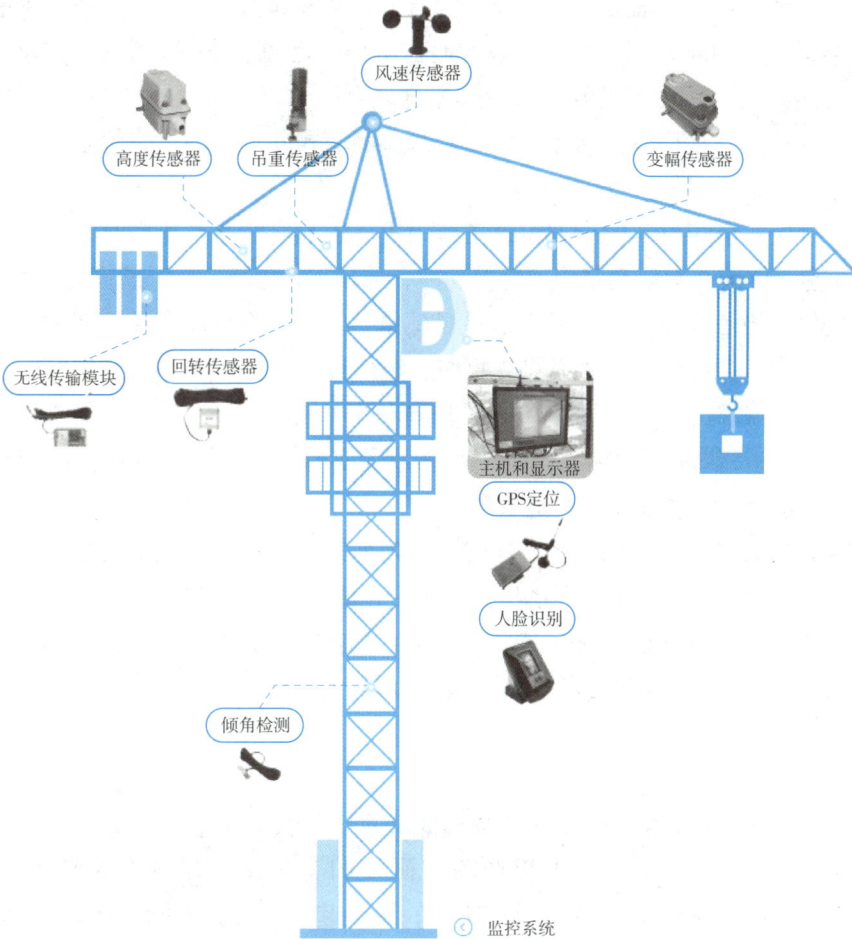

图 3-10　应用于平头塔机的安全监控管理系统

与平台的无缝对接，实时将塔式起重机运行数据和报警信息传输至远程 GIS 可视化监控平台。该系统实现数据分析与反馈，助力驾驶员规范操作，有效防范塔机安全隐患，确保安全无处不在。

身份识别：塔式起重机监控系统支持多种身份识别方式，包括 IC 卡、虹膜、人脸和指纹等，确保只有经过认证的专业人员才能操作塔式起重机，从而有效防止非专业人员操作塔式起重机，保障安全。

远程可视化监控平台：通过无线网络实时接收塔机运行数据与报警信息，运用 GIS 技术进行高效数据处理与分析，实现对塔式起重机安全运行状况的全方位、直观化的远程监控。

1）监控平台数据库确保完整存储塔式起重机运行安全的历史数据；

2）根据需求提供各类综合查询，并能生成书面报表和电子表格；

3）远程平台可根据设备信息，实现非法设备的远程锁机，从而杜绝非法设备的继续使用。

区域保护实时监控：监控单台塔式起重机与建筑物的干涉防碰撞、禁行区域、塔式起重机自身各种限位，在临近额定限值时发出声光预警和报警，并限制塔式起重机向危险方向继续运行。同时，该系统还可以实时监测塔式起重机的各种参数，如起重力矩、起重量、起升高度、回转角度等，当参数超过设定值时，系统将自动停机并发出报警。此外，该系统还具有远程监控功能，可以实时监测塔式起重机的运行状态，及时发现并处理各种异常情况。

群塔防碰撞：塔司可实时全方位地了解周边塔式起重机与本机实时干涉状况，一旦发现碰撞风险，便能自动启动预警及警报功能，并自主暂停塔式起重机向危险区域运行。

智能报警：当塔式起重机作业出现违规操作时，系统将自动激活智能报警功能，并将报警信号传输至相关设备，触发声光报警、短信告警以及 App 消息通知等。项目管理人员可根据实际需求选择合适的报警方式进行应对。

塔式起重机运行数据采集：采用高精度传感器实时监测吊装重量、臂架变化、高度、旋转及环境风速等多项作业安全关键参数。

工作状态实时显示：利用显示屏实时呈现当前实际工作参数及塔式起重机额定工作能力参数，便于驾驶员直观地掌握塔机工作状况，从而实现正确操作。

数据上传云端及历史数据分析：监控设备在本地存储方面，可实现工作循环逾万次，同时将实时数据上传至云端并进行存储。云端采用大数据处理技术，使得塔式起重机的历史运行状态得以直观展示。

3.2.4.3 中联重科 R20000-720 智能塔式起重机案例介绍

中联重科与中交第二航务工程局联合研发的全球最大塔式起重机 R20000-720（图 3-11），具备 20000t·m 的额定起重力矩，最大起重量可达 720t，且具备 400m 的最大起升高度。

图 3-11 塔式起重机 R20000-720

R20000-720 设备在下线交付后，将应用于全球最大跨度三塔斜拉桥——马鞍山公铁两用长江大桥的建设项目中。马鞍山公铁两用长江大桥采用三塔钢桁梁斜拉桥结构，其中，中交第二航务工程局负责承建的 CMSG-2 标施工里程为 DK51+687（长江大桥主桥）至 DK57+329.218（长江大桥 F1 墩中心），全长约 5642.218m。主要包括南主塔及 1km 主桥上部结构、114 个公铁合建墩、12 孔铁路梁及 228 孔上层公路梁。R20000-720 设备具备满足桥塔钢结构吊装的能力，将为项目建设提供坚实的设备保障。

R20000-720 在平衡重技术、结构技术、智能控制技术等多个方面取得了创新与突破，攻克了超大型塔式起重机在强风、高湿、重载等复杂极端工况下作业的诸多难题。通过应用中联重科在行业内首创的移动平衡重技术，R20000-720 实现了平衡重随起重力矩变化的精准移动，从而使吊装性能大幅提升超过 60%。此外，R20000-720 创新采用了高承载轻量化结构构型和重载分体式结构设计，在确保高承载能力的基础上，使塔式起重机上装结构重量相较于常规方案减轻 20% 以上，从而解决了运输、安装、拆卸等方面的难题，使用更加便捷。

中联重科致力于提升产品灵敏度，不断深入研究智能控制技术，成功研发多源信息融合 ETI 智控系统。该系统应用了 230 项智能控制策略和 50 项智能化技术，实现了毫秒级响应。因此，R20000-720 在确保"大"和"稳"的基础上，同时达到了"快"和"准"的性能要求。

本章小结

本章介绍了塔式起重机、履带式起重机、汽车起重机、卷扬机等起重吊装设备的定义、类型、构造及其适用场合和作业要求；介绍了智能起重吊装设备的功能、特点、控制系统架构以及关键技术，对智能起重吊装设备的典型应用案例进行介绍。

思考与习题

3-1 建筑起重吊装常见机械装备有哪些？

3-2 智能起重吊装设备关键技术有哪些？

3-3 中联重科 R20000-720 采用哪些先进技术？其中选中 1~2 项进行阐述。

思考与习题答案请扫描二维码 3-5。

参考文献

[1] 高顺德 . 工程机械手册 工程起重机械 [M]. 北京：清华大学出版社，2018.

[2] 吕广明 . 工程机械智能化技术 [M]. 北京：中国电力出版社，2007.

二维码 3-5
第 3 章　思考与习题答案

混凝土浇筑施工智能化机械与装备

本章要点

1. 学习和理解混凝土浇筑施工常见机械装备类型、工作原理及应用场合；
2. 学习和理解混凝土浇筑施工智能化机械装备技术特点、应用实例及发展趋势。

教学目标

1. 学习和理解混凝土搅拌站（车）、混凝土泵车、混凝土振动器、混凝土铺设机等混凝土浇筑施工常见机械装备的类型、构造及其适用场合和作业要求，能够在混凝土浇筑施工过程中选择合适的机械设备，计算并采取措施提高其生产率；
2. 学习和理解混凝土浇筑施工智能化机械装备的技术特点、应用实例及发展趋势，并将其正确运用到智能建造过程的混凝土浇筑机械施工中。

案例引入

"机器人"浇筑混凝土现身建筑工地

2022年7月22日，坐落于连云港市赣榆区的某小区，正在进行混凝土浇筑施工，与传统的需要大量人工施工不同，该项目采用了一个机器长臂，自动将混凝土浇筑到规定位置，呈现出一幅轻松而优雅的精彩施工画面。根据施工人员介绍，该设备为"智能随动式布料机"，设备高12m，适用于混凝土现场浇筑，仅需1名布料员操作，就可以完成全部的混凝土布料作业，采用该设备后，不但节省了人工，而且克服了传统比较沉重、移动操作困难的作业方式（图4-1、图4-2）。

图4-1 "机器人"浇筑混凝土现场

该项目采用了大量的先进技术，如利用测量机器人，现场自动完成测量作业，能够自动生成报表；采用地面整平机器人，可以全自动整平混凝土楼面，极大提升工作效率和整平精度；采用建筑清扫机器人，有效解决了区域小石块及灰尘清扫问题。

图4-2 操作员后台操控"机器人"

思考问题1：该混凝土浇筑设备如何实现自动布料操作？
思考问题2：后台设备如何实现对现场设备的控制？

4.1 混凝土浇筑施工常见机械与装备的主要类型及应用

混凝土施工是建筑工程中不可或缺的一环，传统的混凝土施工方式主要依靠人力和简单机械设备，施工效率低、工期长、质量难以保证。随着现代科技的发展，新型的混凝土施工机械设备应运而生，极大地提高了混凝土施工效率和质量。本书将介绍几种常见的新型混凝土施工机械设备及其使用方法。

4.1.1 混凝土搅拌机

该设备是混凝土搅拌机械，主要目的是将一定配合比的砂、石以及水泥、水等材料进行搅拌，使之均匀，变成符合质量要求的混凝土。根据搅拌原理，分为自落式搅拌机与强制式搅拌机。

4.1.1.1 分类

1. 自落式搅拌机

该搅拌机在筒内壁焊有弧形叶片，在搅拌过程中，通过叶片不断旋转，将混凝土提升到一定高度，随后混凝土自由落下，互相掺合，达到均匀（图4-3）。

2. 强制式搅拌机

该搅拌机在内部设置有转轴及搅拌叶片，搅拌过程中，转轴带动叶片转动，利用叶片的剪切、推压、翻滚等作用强制搅拌混凝土，使混凝土得到均匀的搅拌（图4-4）。

图 4-3 自落式搅拌机　　　　图 4-4 强制式搅拌机

4.1.1.2 混凝土搅拌机特点

1. 自落式搅拌机

该搅拌机结构比较简单，工作性能可靠，不易损坏，维修简便，能耗较小；但搅拌作用不够大，效率较低；主要应用于粗骨粒的低流动性混凝土搅拌。

2. 强制式搅拌机

该设备搅拌质量比自落式好，搅拌效率高，操作简单，施工安全，但零件磨损大，适合在预制工厂使用。

4.1.1.3 搅拌机其他分类

其按搅拌筒轴线固定与否分为不倾翻式和倾翻式。

其按外形不同分为锥形和盘形（鼓形已淘汰）。

其按搅拌机的工作性质分为周期式和连续式。

其按搅拌机作业地点情况分为固定式和移动式。

4.1.1.4 混凝土搅拌机的构造与工作原理

1. 混凝土搅拌机的构造

1）机架

混凝土搅拌机的机架是整个设备的支撑结构，一般由钢板焊接而成。机架的主要作用是承受混凝土搅拌机的重量和运转时的振动和冲击力。

2）搅拌桶

搅拌桶是混凝土搅拌机的核心部分，其内部装有搅拌叶片。搅拌桶一般由钢板焊接而成，表面光滑，不易黏附混凝土。搅拌桶的容积大小不同，一般在 $0.5\sim6\mathrm{m}^3$ 之间。

3）传动装置

传动装置是混凝土搅拌机的动力来源，它主要由电动机、减速器、联轴器和传动轴等部分组成。电动机驱动减速器旋转，减速器通过联轴器和传动轴将动力传递给搅拌桶。

4）搅拌装置

搅拌装置是混凝土搅拌机的关键部分，它由搅拌叶片和支撑轴等部分组成。搅拌叶片一般为对称的叶片，分为上叶片和下叶片。搅拌叶片的数量和形状不同，对混凝土的搅拌效果有着直接的影响。

5）进料装置

进料装置是将水泥、砂、石等原料投入搅拌桶的设备，一般由输送带、斗式提升机、螺旋输送机等部分组成。进料装置的作用是将原料投入搅拌桶，使其进入搅拌装置进行混合。

6）出料装置

出料装置是将混合好的混凝土从搅拌桶中取出的设备，一般由出料门、倾斜装置、螺旋输送机等部分组成。

2. 混凝土搅拌机的工作原理

混凝土搅拌机是一种利用机械力量将水泥、砂、石等原料混合在一起的设备。其原理是利用搅拌叶片带动混凝土原料的混合和翻转，使其达到均匀混合的目的。混凝土搅拌机主要由机架、搅拌桶、传动装置、搅拌装置、进料装置和出料装置等部分组成。其中，搅拌桶是混凝土搅拌机的核心部分，其内部装有搅拌叶片，通过搅拌叶片的旋转，将水泥、砂、石等原料混合在一起。

3. 混凝土搅拌机的工作过程

混凝土搅拌机的工作过程主要分为进料、搅拌、出料和清洗四个步骤。

1）进料

将水泥、砂、石等原料通过进料装置投入搅拌桶中。

2）搅拌

启动电动机，搅拌桶开始旋转，搅拌叶片开始带动原料混合和翻转，使其达到均匀混合的目的；根据不同的工艺要求和原料配比，搅拌时间一般在 1~3min 之间。

3）出料

搅拌完成，将混合好的混凝土通过出料装置从搅拌桶取出，供建筑使用。

4）清洗

混凝土搅拌机在工作完毕后，需要进行清洗；将搅拌桶内的残留物清除干净，防止下次使用时难以清理。

4.1.1.5 典型混凝土搅拌机

1. JZ 型锥形反转出料搅拌机

该搅拌机的搅拌筒为双锥形，其拌筒在正向旋转时进行自落式搅拌，当拌筒反向旋转时出料（图 4-5）。

其特点是搅拌作用强烈，能源消耗少，性能可靠，维修简便，但由于存在出料叶片，使得内部容积较小，故不能制成大容量搅拌机。该设备用于粒径不超过 80mm 重骨料，也可用于塑性及低流动性混凝土。

2. JW 型涡桨搅拌机

该机属立轴式强制搅拌机（图 4-6）。工作原理是叶片通过对混凝土进行剪切、挤压、翻转，使混凝土形成交叉料流，进行强烈的搅拌。

图 4-5　JZC350 型搅拌机　　图 4-6　JW500 型搅拌机

该搅拌机搅拌时间短、施工质量高，操控灵活，出料彻底；但能源消耗大，搅拌设备的磨损大。该设备适合搅拌细骨料、轻骨料，既能搅拌干硬性混凝土，也能用于砂浆的拌合。

4.1.2　混凝土搅拌站

混凝土搅拌站也称作混凝土预制场（图4-7），其主要功能是对混凝土进行集中搅拌混，该设备自动化程度高，常用于大型工程项目，比如水利、电力、桥梁等工程。

4.1.2.1　分类

按照可移动性，混凝土搅拌站可分为固定式搅拌站与移动式搅拌站。固定式搅拌站主要用于大型工程建设，也可以用于商品混凝土厂家，生产能力强，抗干扰性好。移动搅拌站主要用于中小型临时施工项目。

按照用途分，其分为商品混凝土搅拌站和工程混凝土搅拌站，前者以商用为目的，后者以自用为目的。

按照布置工艺划分，其一般分为一阶式和二阶式。按搅拌机数量分，其又分为单主机站与双主机搅拌站。

4.1.2.2　混凝土搅拌站组成

混凝土搅拌站组成部分包括搅拌主机、称量系统、输送系统、贮存系统和控制系统五大系统以及附属设施组成（图4-8）。

图4-7　混凝土搅拌站　　　　　图4-8　混凝土搅拌站称量系统

1. 搅拌主机

强制式搅拌主机在国内外用的最多，自落式搅拌主机在搅拌站中很少使用。

2. 称量系统

称量系统可进行骨料称量、粉料称量和液体称量。该系统精度较高，如在 50m³ 以上的搅拌站中，所有开展的称量都采用电子秤及微机控制。

3. 输送系统

物料输送由三个部分组成，包括骨料输送、粉料输送、液体输送。

4. 贮存系统

在贮存系统中，骨料需露天堆放；粉料采用全封闭钢结构筒仓贮存；其他外加剂用钢结构容器贮存。

5. 控制系统

控制系统需要根据用户不同要求，以及搅拌站的大小进行配置不同功能。

4.1.2.3 混凝土搅拌站工作原理

混凝土搅拌站工艺流程如图 4-9 所示。

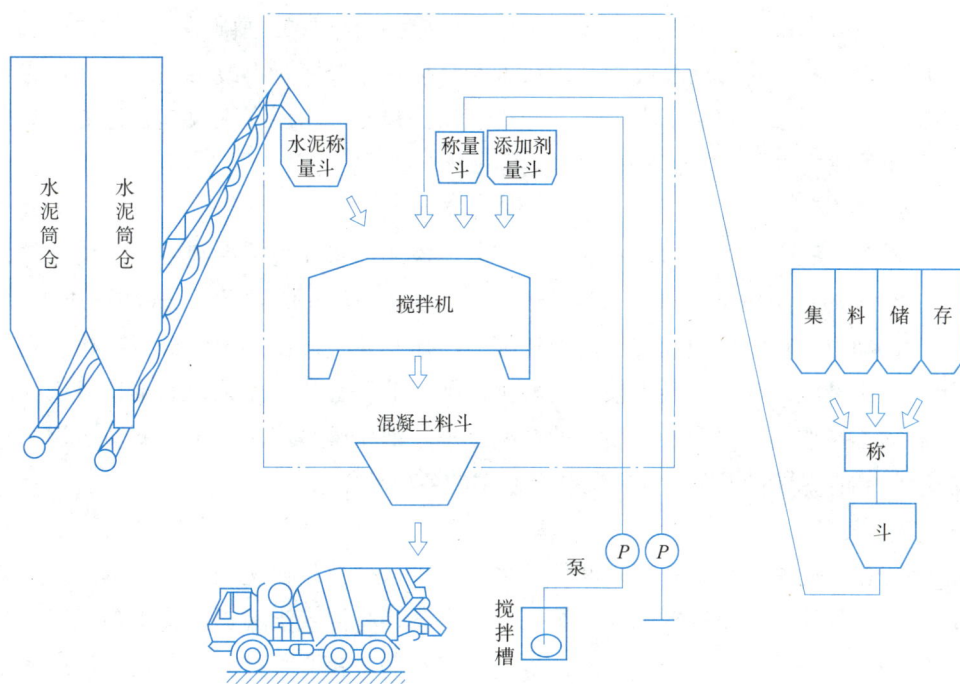

图 4-9　混凝土搅拌站工艺流程

4.1.3　混凝土泵车

混凝土泵车作用是利用输送泵和输送管道，将混凝土泵送至作业区域，也称为混凝土输送泵车，如图 4-10 所示。

4.1.3.1　分类

混凝土泵车按混凝土搅拌车的整车形式，分为车载式和拖挂式两种；按混凝土搅拌车输送泵形式分，有挤压式和活塞式两种。

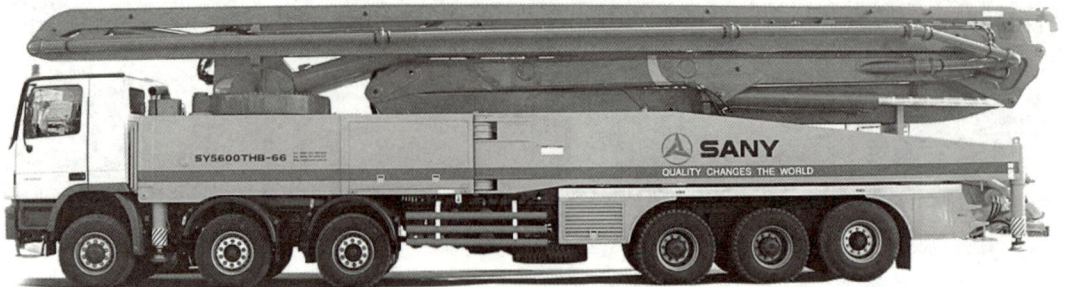

图 4-10　混凝土泵车

4.1.3.2　混凝土泵车的构造与工作原理

1. 混凝土泵车的构造

1）底盘

底盘是混凝土泵车的重要组成部分，它是支撑整个车身的基础。底盘通常有汽车底盘和专用底盘两种形式。汽车底盘是指从卡车、搅拌车等底盘上改装的底盘，具有灵活性和便携性，适用于小型混凝土泵车。专用底盘是指专门为混凝土泵车设计的底盘，具有稳定性和承载能力强的优点，适用于大型混凝土泵车。

2）液压系统

液压系统是混凝土泵车的核心部分，它通过液压油将动力传递到各个液压元件，驱动混凝土泵车的各项运动。液压系统主要由液压泵、液压马达、液压缸和液压阀组成。液压泵提供动力，它将机械能转化为液压能。液压马达是液压系统的执行机构，它将液压能转化为机械能，驱动混凝土泵车的各项动作。液压缸是液压系统的推拉机构，它通过液压油的推拉作用，驱动泵送装置的活塞运动。液压阀是液压系统的调节机构，它通过控制液压油的流量和压力，实现混凝土泵车的各项动作。

3）泵送装置

泵送装置是混凝土泵车的核心部件，将混凝土从搅拌站输送到施工现场。泵送装置通常由输送管、活塞、输送缸和阀门组成。输送管是将混凝土输送到施工现场管道，它通常由钢制管道和橡胶管道两种形式。活塞是泵送装置核心部件，它通过往返运动，将混凝土从输送缸中推送到输送管中。输送缸是活塞工作室，它通过液压油的推拉作用，驱动活塞往返运动。阀门是泵送装置的调节机构，它通过控制混凝土的流量和压力，实现混凝土的输送和停止。

4）旋转平台

旋转平台是混凝土泵车的转向部分，它通过旋转平台驱动车身的转向。旋转平台通常由电动液压泵、电动液压马达和齿轮组成。电动液压泵是旋转平台的动力源，它将机械能转化为液压能，提供液压油的流量和压力。电动液压马达是旋转平台的执行机构，它将液压能转化为机械能，驱动旋转平台转动。齿轮是旋转平台的传动机构，它通过齿轮的啮合和转动，实现旋转平台的转向。

2. 混凝土泵车的工作原理

混凝土泵车的工作原理是：搅拌站将混凝土倒入混凝土泵车的料斗中，液压泵将液压油压入液压缸中，将活塞向前推动，将混凝土从输送缸中推送到输送管中。随着活塞的往返运动，混凝土不断地被推送到输送管中，最终到达施工现场。同时，液压系统还能控制混凝土的流量和压力，实现混凝土的输送和停止。旋转平台则是通过电动液压泵和电动液压马达驱动，实现车身的转向，以便于泵送装置的精确定位。

4.1.4 混凝土振动器

混凝土振动器是通过频繁振动，将振动传给混凝土，从而以振动捣固混凝土的设备。

4.1.4.1 分类

混凝土振动器（图 4-11），按传递振动的方式分为内部振动器、外部振动器和表面振动器；按照振动频率可划分为低频式、中频式和高频式；按振动原理分为偏心式和行星式。

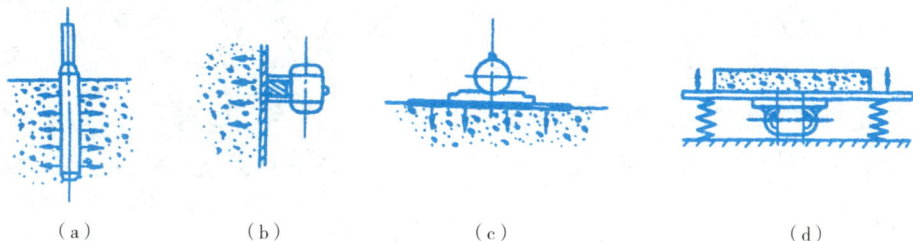

（a） （b） （c） （d）

图 4-11 混凝土振动器示意

（a）插入式振动器；（b）附着式振动器；（c）平板式振动器；（d）振动台

4.1.4.2 混凝土振动器的构造与工作原理

1. 内部振动器

内部振动器，也可称为插入式振动器，主要装置包括一个棒状空心圆柱体和棒内的振动子。工作时，振动棒产生振动，从而在 20~30s 的时间内，通过振动将棒体四周约 10 倍于棒径范围的混凝土振动密实，工作效率高（图 4-12）。

2. 外部振动器

外部振动器工作时，主要通过混凝土外表面，将振动由表面传入混凝土内部，从而使混凝土密实。

图 4-12 混凝土内部振动器和振动棒

3. 混凝土振动器的工作原理

混凝土振动器的工作原理是通过振动将混凝土中的气泡排除，从而提高混凝土的密实度和强度。具体来说，当混凝土浇筑到模板中时，由于混凝土的流动性和黏性，其内部会产生大量气泡。这些气泡会导致混凝土的密实度不够，从而影响混凝土的强度和

耐久性。为了解决这个问题，通常会使用混凝土振动器进行振动，将混凝土中的气泡排除。

混凝土振动器的工作过程可以分为三个阶段。首先是初期振动阶段，此时振动头刚接触混凝土表面，混凝土开始发生微小的振动。这种振动可以将混凝土表面的气泡排除，从而提高混凝土的密实度。其次是中期振动阶段，此时振动头已经深入混凝土中部，混凝土的振动幅度和频率也随之增加。这种振动可以将混凝土中的气泡排除得更加彻底，从而提高混凝土的强度和耐久性。最后是后期振动阶段，此时混凝土已经逐渐变硬，振动头的振动幅度和频率也随之减小。此时的振动主要是为了将混凝土表面的气泡排除，保证混凝土表面的平整度和密实度。

4.1.5　混凝土摊铺机

混凝土摊铺机（图4-13）作为现代工程机械的一种，是用来做道路施工时给路面进行摊铺的机械，比如对公路、城市道路、机场、码头等水泥路面起到水泥混凝土摊铺整平等作用，是现代地面工程的关键设备，更是路面施工质量的重要保证。由于混凝土是地面施工使用的最广泛的一种原料，水泥摊铺机的使用也越来越广泛，因为使用摊铺机使地面更平整、密实，具有足够的承重力。

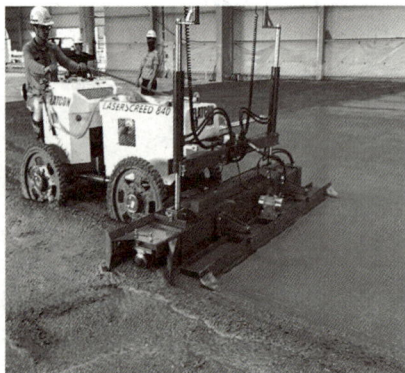

图4-13　混凝土摊铺机

4.1.5.1　分类

1. 按摊铺宽度分类

混凝土摊铺机可分为小型、中型、大型、超大型四类。

2. 按行方式分类

混凝土摊铺机可分为拖式和自行式两类，其中自行式又分为履带式和轮胎式。

3. 接传动方式分类

混凝土摊铺机可分为机械式和液压式两类。

4. 按熨平板的延伸方式分类

混凝土摊铺机可分为机械加长式和液压伸缩式两种。

5. 按熨平板的加热方式分类

混凝土摊铺机可分为电加热、液化石油气加热和燃油加热三种形式。

4.1.5.2　混凝土摊铺机的构造与工作原理

1. 混凝土摊铺机的构造

混凝土摊铺机主要装置由动力系统、传动系统、行走系统、供料系统、操纵机构等组成。

2. 混凝土摊铺机的工作原理

沥青混合料首先被刮料板传送至螺旋布料器，然后螺旋布料器将混合料两边摊开，再通过熨平板将混合料刮到预铺高度，最后经振捣夯锤振实，产生铺面（图 4-14）。

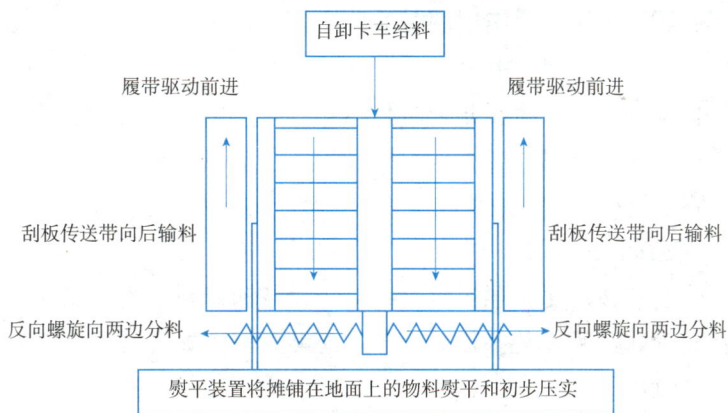

图 4-14　混凝土摊铺机工作原理

4.2　混凝土浇筑施工智能化机械与装备及其应用案例

近年来，混凝土浇筑施工机械的智能化水平不断提升，智能搅拌站、布料机、摊铺机不断被成功开发出来并得到推广应用。本节将紧跟技术发展前沿，举例介绍几种混凝土浇筑施工机械装备的智能化技术方法、性能特点及其应用要求，希望通过学习，为学生深入理解混凝土浇筑施工智能机械装备的核心技术和工作原理，并将其正确运用到智能建造过程的混凝土浇筑施工机械中奠定基础。

4.2.1　混凝土浇筑施工智能化机械与装备的技术特点

混凝土智能化施工技术是指依托现代化的信息技术、自动化技术和通信技术等先进技术手段，通过智能化控制系统对混凝土施工过程进行全程监控和调控，实现混凝土施工各环节的自动化、高效化、精准化和可控化。

4.2.1.1　技术特点

1. 自动化程度高：混凝土智能化施工技术能够实现全程自动化控制，避免了人为干预带来的误差和不确定性。

2. 精度高：混凝土智能化施工技术能够根据施工要求，自动调整混凝土的配合比、流动性和坍落度等参数，确保混凝土的质量和精度。

3. 效率高：混凝土智能化施工技术可以大幅度提高施工效率，减少人力和物力资源的浪费，同时缩短施工周期，提高项目的经济效益。

4. 安全性高：混凝土智能化施工技术能够实现实时监控和预警，对施工安全进行全面保障，避免了施工中可能出现的安全事故。

4.2.1.2 混凝土智能化施工技术的实现

1. 混凝土配合比自动控制技术

混凝土配合比自动控制技术是指通过传感器、计算机和控制系统等设备，实现对混凝土材料的配比和加水量等参数的自动调整和控制。该技术能够有效地控制混凝土的质量和精度，提高施工效率和经济效益。

2. 混凝土输送自动化技术

混凝土输送自动化技术是指通过自动化输送设备和控制系统，实现对混凝土的输送和倒料等操作的自动化和智能化控制。该技术能够大幅度提高施工效率和安全性，减少人力和物力资源的浪费。

3. 混凝土坍落度自动调控技术

混凝土坍落度自动调控技术是指通过传感器、计算机和控制系统等设备，实现对混凝土坍落度的自动监测和调控。该技术能够精确地控制混凝土的坍落度，确保混凝土的质量和精度。

4.2.1.3 混凝土施工现场智能化管理技术

混凝土施工现场智能化管理技术是指通过信息化技术、物联网技术和人工智能技术等手段，实现对混凝土施工现场的全面监控和管理。该技术能够大幅度提高施工现场的安全性和效率，同时实现施工现场的数字化和智能化管理。

4.2.1.4 混凝土智能化施工技术的应用场景

1. 高层建筑施工：混凝土智能化施工技术能够实现对混凝土的自动调控和自动输送，提高施工效率和安全性。

2. 隧道工程施工：混凝土智能化施工技术能够实现对混凝土的坍落度和流动性等参数的自动调控，提高施工质量和效率。

3. 桥梁工程施工：混凝土智能化施工技术能够实现对混凝土的配合比和坍落度等参数的自动调控，提高施工效率和质量。

4. 水利工程施工：混凝土智能化施工技术能够实现对混凝土的自动控制和自动输送，提高施工效率和安全性。

4.2.2 智能混凝土搅拌站应用案例

混凝土搅拌站是建筑工程中不可或缺的设备之一，它的主要功能是将水泥、石子、砂等材料混合搅拌成混凝土。传统的混凝土搅拌站需要人工控制，工作效率低下且易出现操作失误，导致混凝土质量下降。随着科技的不断发展，混凝土搅拌站智能化控制成为目前的趋势。本书将详细介绍混凝土搅拌站智能化控制的原理与应用。

4.2.2.1 混凝土搅拌站智能化控制原理

1. 系统架构

混凝土搅拌站智能化控制系统包括硬件设备和软件系统。其硬件设备主要由传感器、执行机构、控制器等组成；软件系统包括人机交互界面、控制算法、数据采集与处理等。

2. 控制策略

混凝土搅拌站智能化控制的核心是控制策略。控制策略分为开环控制和闭环控制两种。开环控制主要由输入信号进行调节，使输出信号达到预定值。闭环控制是指通过对混凝土搅拌站的输出信号进行反馈控制，使输出信号达到预定值的一种控制方法。在混凝土搅拌站智能化控制中，一般采用闭环控制策略，以保证混凝土质量的稳定性和精度。

3. 控制算法

控制算法包括 PID、模糊控制和神经网络控制等。其中，PID 算法主要通过对误差进行比例、积分和微分的调节，使输出信号达到预定值。模糊控制算法是一种基于模糊逻辑的控制方法，其核心是将输入信号和输出信号都用模糊变量来表示，通过模糊推理实现控制。神经网络控制算法是一种基于人工神经网络的控制方法，其核心是通过训练神经网络实现对混凝土搅拌站的控制。

4.2.2.2 混凝土搅拌站智能化控制应用

1. 控制系统设计

混凝土搅拌站智能化控制系统的设计需要考虑多个方面的因素，包括控制策略、控制算法、硬件设备、软件系统等。在设计过程中，需要充分考虑混凝土搅拌站的工作条件和使用环境，确保控制系统的稳定性和可靠性。

2. 操作界面设计

混凝土搅拌站智能化控制系统的操作界面应该简单易懂，方便用户进行操作和监控。操作界面应该包括混凝土搅拌站的状态信息、控制参数设置、数据采集和处理等功能，以便用户快速调整和优化控制系统。

3. 系统调试和维护

混凝土搅拌站智能化控制在调试过程中，需要根据实际情况进行参数调整和算法优化，以提高系统的控制精度和稳定性。在维护过程中，需要对硬件设备和软件系统进行定期检查和维护，以确保系统的可靠性和安全性。

4.2.2.3 智能混凝土搅拌站的应用场景

智能搅拌站综合应用场景解决方案由六大块组成：物料全流程管理系统、智慧指挥调度系统、核算管理系统、环境保护系统、设备物联系统、人员管理系统，是集软、硬件系统综合的多业务、多业态的场景化应用方案，助力建筑施工行业数字化转型升级。

4.2.3 智能随动式布料机应用案例

传统的混凝土浇筑过程中，需要人工对浇筑完成的混凝土进行后续处理。后续处理包括：通过大量人工，靠目测和经验把混凝土扒平、测标高、将高处的混凝土往低处铲运。然后使用传统平板振动器、振动梁、振动杆、插入式振动泵，把混凝土振捣密实，最后覆盖薄膜。这种方式需要大量人工，且振动板噪声较大，且大量人工在施工区域工作时，容易对前一个完成的工序造成破坏，从而导致工程质量难以达到设计的精确标准。

智能随动式布料机实质上是一个二节臂智能施工机器人，工作范围在 12~20m 之间，通过智能算法，可以实现自动浇筑混凝土（图 4-15）。

图 4-15　二节臂智能施工机器人

4.2.3.1 智能随动式布料机工作原理

在布料臂架全部展开处于直线位置，从布料机回转中心到出料软管末端出口中心的最大水平距离，使出料软管沿末端出口弯管方向伸直。通过布料臂架的回转，从布料机回转中心到出料软管末端出口中心的最小水平距离，使出料软管沿末端出口弯管方向伸直。通过传感器检测并反馈臂架位置和操作员操控方向的信息给控制系统，经控制算法计算后驱动系统电机联动，控制出料软管末端随操作员操控方向在工作范围内任一点向任意方向直线水平移动。

4.2.3.2 智能随动式布料机应用场景

产品用于混凝土浇筑（布料），可在 1 名布料员的操控下，完成全部的混凝土布料作业，节约人力成本，降低劳动强度（图 4-16）。

图 4-16　智能随动式布料机应用场景

整机由底座、大臂、配重臂、配重和吊管五部分组成，设备具有自动、随动、点动和人工四种操作模式，各模式间可以自由切换，确保使用顺畅。自动模式下，设备能以底座为原点，按需生成路径，在覆盖范围内进行自动布料，过程中人员可随时介入，满足多种场景的使用，利用自动布料机均匀度高的优势，可联动混凝土施工系列机器人实现布料，整平、抹光全过程的自动化作业，大幅减少了工人的用工量，随动模式下，布料机根据操作人员对手柄发出的运动指令，通过算法驱动大、小臂联合运动，免除人工牵引大小臂的用工需求，实现 1 人轻松完成布料作业的效果。

4.2.3.3 智能随动布料机施工优点

1. 降低安全隐患

提升式布料机爬升装置附着于电梯井剪力墙或外墙上，不必安装于板面上，避免对模板支撑架体产生影响。布料机立杆和自爬升装置固结为一体，自爬升装置通过液压智能控制提升，随着建筑物的升高自爬至施工的楼层，满足了高层建筑的需要，并且爬升轨道可实现循环利用，大大减少混凝土浇筑过程中的架体安全隐患。

2. 避免对板面钢筋和线管损坏

若采用原移动式布料机进行混凝土浇筑，布料机需采用塔式起重机吊装至楼层板面进行混凝土浇筑，混凝土浇筑过程中，会破坏已绑扎完成板面钢筋，尤其是对线管破坏尤为严重，大大增加钢筋工程修补工程量，并增加线管堵管风险，智能随动布料机布置于电梯井道内，不必安装板面上，可完全避免对板面钢筋和线管损坏。

3. 促进施工效率提升

1）省人：通过计算驱动布料臂，相比传统方式减少 20% 人力成本。

2）省力：可实现楼板的自动浇筑，减少 13% 的工作量。

3）可靠：可在多种工作模式间轻松切换，确保工作万无一失。

4.2.4 智能混凝土振捣器应用案例

混凝土振捣器是混凝土施工中的重要设备，用于振实混凝土以达到提高混凝土密实度的效果。在传统的混凝土振捣器中，操作人员需要根据经验和感觉来控制振捣器的振动频率和振动力度，因此振捣效果往往不够理想，且操作难度较大。为了解决这一问题，智能化控制系统被引入到混凝土振捣器中，实现对振动频率和振动力度的自动控制，提高混凝土振捣的效率和质量。

4.2.4.1 混凝土振捣器智能化控制系统的组成

1. 传感器模块：用于实时监测混凝土振捣器的振动频率和振动力度，将监测到的数据传输给控制器模块。

2. 控制器模块：是混凝土振捣器智能化控制系统的核心部件，负责接收传感器模块传输的数据，并根据预设的振动频率和振动力度控制电机的输出，实现对振捣器的自动控制。

3.电机模块：是混凝土振捣器智能化控制系统的执行部件，负责根据控制器模块的指令控制振动频率和振动力度。

4.人机交互界面：用于实现用户与混凝土振捣器智能化控制系统的交互，包括参数设置、数据显示和报警提示等功能。

4.2.4.2 混凝土振捣器智能化控制系统的优势

1.提高混凝土密实度和强度

混凝土振捣器智能化控制系统能够实现对振捣频率和振捣力度的自动控制，提高混凝土密实度和强度，保证施工质量。

2.提高施工效率

混凝土振捣器智能化控制系统能够实现对振捣频率和振捣力度的自动控制，减少操作人员对振捣器的干预，提高施工效率。

3.降低施工成本

混凝土振捣器智能化控制系统能够提高施工效率，保证施工质量，减少施工成本，提升经济效益。

4.提高安全性

混凝土振捣器智能化控制系统能够实现对振捣频率和振捣力度的自动控制，减少操作人员对振捣器的干预，提高安全性。

4.2.4.3 智能混凝土振捣器应用场景

1.混凝土施工

混凝土振捣器智能化控制系统广泛应用于混凝土施工中，能够实现对混凝土振捣器的自动控制，提高混凝土的密实度和强度，保证施工质量。

2.市政工程

混凝土振捣器智能化控制系统也被应用于市政工程中，如道路建设、桥梁建设等，能够提高混凝土密实度和强度，延长道路和桥梁的使用寿命，减少维修成本。

3.隧道工程

混凝土振捣器智能化控制系统在隧道工程中也有广泛应用，能够提高混凝土的密实度和强度，保证隧道的安全性和稳定性。

4.工业生产

混凝土振捣器智能化控制系统还被应用于工业生产中，如混凝土制品生产、水泥生产等，能够提高生产效率和产品质量，降低生产成本。

4.2.5 混凝土3D打印技术应用案例

3D打印混凝土技术工作过程是，首先在三维软件的控制下，先配置好混凝土浆体，然后通过预先设置好的打印程序，通过喷嘴挤出进行混凝土打印，从而得到设计的混凝土构件（图 4-17）。

3D 打印混凝土可用于市政、景观、水利、道路、建筑以及地下空间等工程建设，改变传统制造业，向绿色节能发展。

图 4-17　混凝土 3D 打印机

4.2.5.1　混凝土 3D 打印技术原理

1. 材料选择

混凝土 3D 打印技术需要使用特定的混凝土材料，目前市场上已经有了一些特殊的混凝土材料，如具有流变性的混凝土、高强度混凝土、打印混凝土等，这些混凝土材料都可以用于 3D 打印。

2. 打印设备

混凝土 3D 打印设备的工作原理类似于传统的 3D 打印机，但是由于混凝土是一种非常黏稠的材料，所以需要更高的打印压力和更大的打印头。目前市场上已经有了一些专门用于混凝土 3D 打印的设备，如 Winsun、Contour Crafting、D-shape 等。

3. 打印工艺

混凝土 3D 打印的工艺主要包括以下 5 个步骤：

1）设计模型

首先需要使用 CAD 软件设计出想要打印的模型，然后将模型转换为 3D 打印机可以识别的文件格式。

2）打印参数设置

在打印之前需要设置打印参数，如打印速度、打印压力、打印温度等。

3）混凝土准备

将混凝土材料与水混合，调整黏稠度和流动性，以适应 3D 打印机的要求。

4）打印

将混凝土材料装入打印机中，按照预设的参数开始打印。在打印过程中需要保证混凝土的流动性和均匀性，避免出现空洞和裂缝等问题。

5）固化

打印完成后需要将混凝土固化，以保证其强度和稳定性。固化的方法主要包括自然固化和加速固化两种。

4.2.5.2　混凝土 3D 打印技术的应用场景

1. 建筑构件

混凝土 3D 打印技术可以用于制造各种建筑构件，如墙体、地板、屋顶等，使用 3D 打印技术制造的建筑构件可以更加精准和高效（图 4-18）。

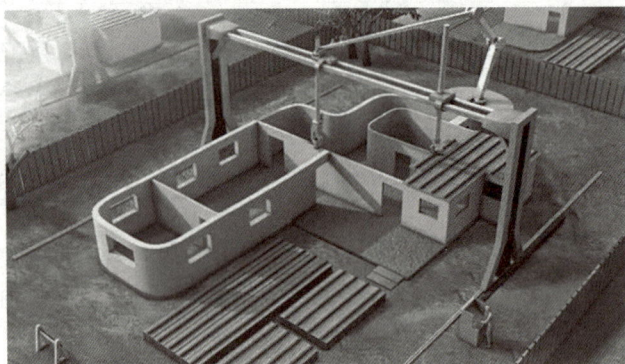

图 4-18　3D 打印建筑构件

2.室内装饰

混凝土 3D 打印技术还可以用于制造各种室内装饰品，如花瓶、灯具、墙面装饰等，使用 3D 打印技术制造的室内装饰品可以更加个性化和新颖（图 4-19）。

3.建筑模型

混凝土 3D 打印技术可以用于制造建筑模型，以便在设计阶段更好地展示建筑设计方案，使用 3D 打印技术制造的建筑模型可以更加真实和精准（图 4-20）。

图 4-19　3D 打印室内墙体

图 4-20　3D 打印混凝土建筑

4.基础设施建设

3D 打印混凝土可以用于制造桥梁、隧道、道路等基础设施的构件，可以提供更高的结构强度和耐久性。

5.环境建设

3D 打印混凝土可以用于制造环境建设设施，如公园座椅、景观装饰等，可以实现个性化设计和定制化生产。

4.2.5.3 典型的混凝土 3D 打印机

工业级混凝土（砂浆）3D 打印系统，具有三维可视化实时在线交互控制，自动切片、智能路径优化和打印预览功能；支持三维模型（stl）、CAD 二维路径图形（dwg、dxf、svg）、Rhino 参数化设计建模路径（gcode）及第三方切片 Gcode 数据的直接导入、打印；具有连续打印、断点交互打印及打印进程保存功能；支持模型分块打印，分块区域可新建也可导入任意一个闭合曲线而创建，分块具有独立的子坐标系以及显示面；支持可旋转万向打印头的控制功能；可多角度视图，中英文界面一键替换；独具符合建筑 3D 打印特点和需求的填充路径设置功能；具有填充路径、填充率打印预览和实时打印进度显示功能；支持多种打印材料，包括但不限于普硅水泥基材料、硫铝酸盐水泥基材料、地质聚合物材料及石膏基材料等；打印参数根据需求自由设置，打印过程中可实时修改等功能（图 4-21）。

图 4-21　混凝土（砂浆）3D 打印系统

本章小结

建筑施工企业常用到的有混凝土搅拌站（车）、混凝土泵车、混凝土振动器、混凝土布料机等，每种机械与设备技术性能和作业范围不同，施工人员应熟悉它们的类型、性能和构造等特点，根据不同工程和场景，合理选择施工机械。

通过本章内容的学习，使学生了解混凝土搅拌站（车）、混凝土泵车、混凝土振动器、混凝土摊铺机等施工机械的类型、构造及其适用场合，从而能够在混凝土施工过程中选择合适机械设备，能够计算并采取措施提高其生产率；使学生了解智能混凝土浇筑机械装备的关键技术、工作原理、应用场景，能够理解智能混凝土搅拌站、智能布料机、智能振捣器、混凝土 3D 打印机等智能混凝土机械的工作原理，并将其正确运用到智能建造过程的混凝土浇筑施工中。

思考与习题

4-1 混凝土浇筑施工常见机械装备有哪些？

4-2 混凝土浇筑施工机械的智能化包含哪些方面？

4-3 通过本章的学习，你还能想到其他混凝土智能化施工机械吗？

思考与习题答案请扫描二维码 4-2。

二维码 4-2
第 4 章　思考与习题答案

第5章

钢构件智能化加工装备

本章要点

1. 学习和理解传统钢构件加工装备的类型、工作原理及应用场合；
2. 学习和理解钢构件智能化加工装备的技术特点、应用实例及发展趋势。

教学目标

1. 学习和理解常见钢构件成型机械的类型、构造及其适用场合和作业要求，能够在施工过程中选择合适的机械设备，并采取措施提高其生产率；
2. 学习和理解钢构件智能化加工装备的技术特点、应用实例及发展趋势，并将其正确运用到智能建造施工中。

案例引入

中国建筑第八工程局有限公司智能钢筋加工生产线在上海交通大学医学院项目试生产

近日，由中国建筑第八工程局有限公司上海分公司与中国建筑第八工程局有限公司工程研究院联合研发的智能钢筋加工生产线完成组装、调试工作，在上海交通大学医学院浦东校区启动试生产。

智能钢筋加工生产线并非单独作业，而是由多个系统相互协作。它装备了多种规格的攻丝刀具和弯曲模具，能自动切换，以适应不同规格和尺寸的钢筋加工需求。这意味着，无论何种规格和尺寸的钢筋，它都能实现自动化生产。更重要的是，它一次性完成了直螺纹钢筋的定尺切断、攻丝和弯曲作业，提高了生产效率。

利用智能算法，智能钢筋加工生产线能对钢筋料单和原材料进行优化匹配，从而提高钢筋的使用效率，降低废料率。对于产生的少量废料，生产线能自动将其分为30cm以上和30cm以下两类，这样更便于合理处理和再利用。

通过生产线的智能化排产功能，现场生产人员只需要进行"吊装来原材料"和"调运走加工成品件"两项工作，其余钢筋加工过程实现无人化自动作业。未来，还将逐步实现"下班填满料，上班来点货"，真正做到"日夜不停产"。

智能钢筋加工生产线采取"磁吸拾取+视觉演算复核"技术，提高钢筋拾取的准确性；采取多重导向定位技术，避免因钢筋变形导致输送失败；采用钢筋自动定位切头，确保钢筋切口平整，提高钢筋加工质量。

本次在上海交通大学医学院项目试生产的智能钢筋加工生产线，具有自动化程度高、智能化程度高等特点，有望实现钢筋加工产能和质量的大幅提升。

思考问题 1：钢筋加工生产线完成哪些工序？

思考问题 2：钢筋加工生产线应用了哪些核心技术？

5.1 钢构件加工机械的主要类型

5.1.1 钢筋成型机械

钢筋加工设备是一种机械设备，用于按照混凝土结构所需钢筋制品的要求对原料钢筋进行加工。这些设备主要包括钢筋调直切断机、钢筋切断机、钢筋弯曲机、钢筋弯箍机和钢筋镦粗机等。

5.1.1.1 钢筋调直切断机

在混凝土结构中，如果钢筋不够笔直，就会影响构件的受力性能和钢筋长度的准确性。为了提高工作效率和简化工序，人们发明了钢筋调直切断机。这种设备在调直钢筋的基础上增加了切断功能，可以自动调直和定尺切断钢筋，还能清除钢筋表面的氧化皮和污迹。特别是数控钢筋调直切断机，采用光电脉冲和计数原理，能在调直机上加装光电测长、根数控制和光电置零等装置，从而自动控制切断根数并自动停止运转。

钢筋调直切断机按调直原理的不同可分为孔模式和斜辊式两种；按其切断机构的不同分为下切剪刀式和旋转剪刀式两种。下切剪刀式又因切断控制装置的不同可分为机械控制式和光电控制式。

1. 孔模式钢筋调直切断机

其工作原理如图 5-1 所示，电动机的输出轴端装有两个带轮，大带轮带动调直筒旋转，小带轮通过传动箱带动送料辊和牵引辊旋转，并且驱动切断装置，当调直后的钢筋进入承料架滑槽内时被切断。

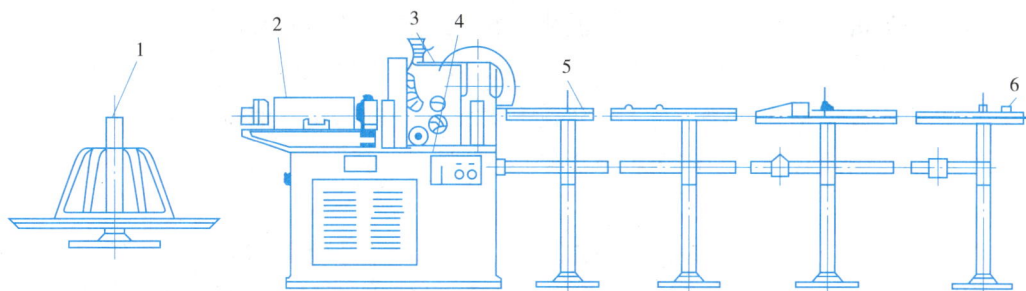

图 5-1 孔模式钢筋调直切断机

1—盘料架；2—调直筒；3—传动箱；4—机座；5—承料架；6—定长器

调直筒内装有一组不在同中心线上的调直模，钢筋从每个调直模的中心孔穿过，并由牵引轮向前输送。当调直筒高速旋转时，调直模会反复连续弯曲钢筋，从而达到调直的目的。孔模式钢筋调直切断机特别适用于盘圆钢筋和冷拔低碳钢丝的调直。

2. 数控钢筋调直切断机

数控钢筋调直切断机（图5-2）是采用光电测长系统和光电计数装置，自动控制钢筋的切断长度和切断根数，切断长度的控制更准确。其调直、送料和牵引部分与孔模式钢筋调直切断机基本相同，在钢筋的切断部分增加了一套由穿孔光电盘、光电管等组成的光电测长系统及计量钢筋根数的计数信号发生器。

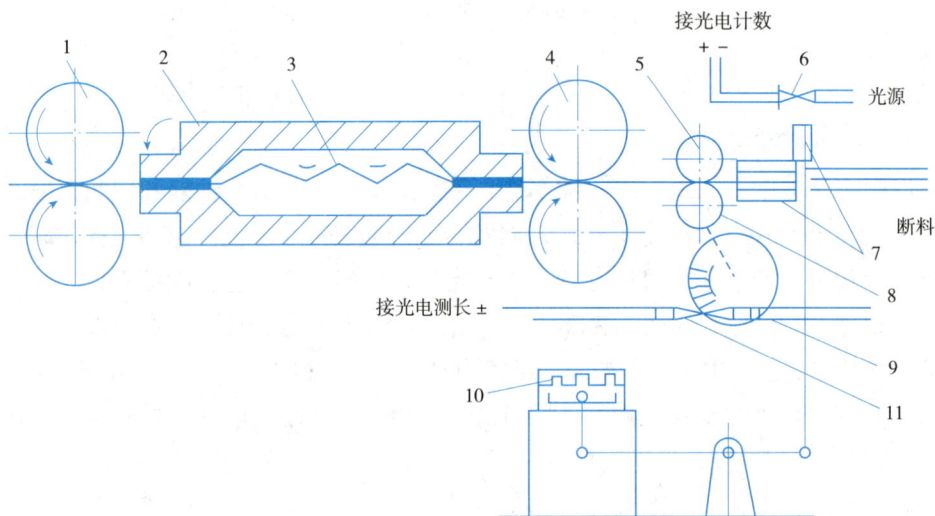

图 5-2　数控钢筋调直切断机

1—送料辊；2—调直筒；3—调直模；4—牵引辊；5—传送压辊；6—光电管；7—切断装置；8—摩擦轮；9—光电盘；
10—电磁铁；11—光电管

5.1.1.2　钢筋弯曲机

钢筋弯曲机（图5-3）用于将钢筋弯曲成所需的尺寸和形状。根据传动方式，钢筋弯曲机可分为机械式和液压式两类。其中，机械式钢筋弯曲机又可以分为蜗轮蜗杆式和齿轮式。在工作盘上，有9个轴孔，中心孔用于插入中心轴或轴套，而周围的8个孔则用于插入成型轴或轴套。当工作盘旋转时，中心轴的位置保持不变，而成型轴则围绕中心轴作圆弧转动。通过调整成型轴的位置，就可以将被加工的钢筋弯曲成所需形状。

数控钢筋弯箍机适用于混凝土结构中箍筋、单头弯曲长条钢筋和螺旋筋等成型钢筋的加工。它具备矫直、测量、弯曲、剪切等多种功能，对系统维护要求较少。该设备自动化程度高，能够预先输入超过500种加工图形，自动完成钢筋的矫直、定尺、弯曲成型和切断等工序。其加工能力全面，可以双向弯曲，并能自由控制芯轴伸缩和上下，从而可以加工出更多更复杂的形状。

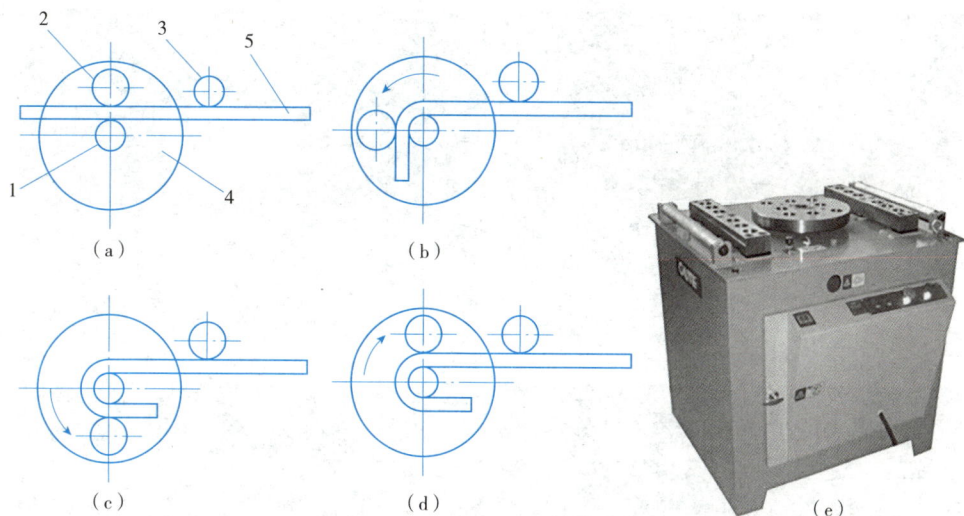

图 5-3 钢筋弯曲机工作过程及实图

（a）装料；（b）弯 90°；（c）弯 180°；（d）回位；（e）实图

电脑数控全自动钢筋弯箍机采用全智能高集成控制，实现了从钢筋送料、去氧化皮、校直延伸、弯曲成型、切断等多种工艺的单机一体化操作。它能直接制作多种尺寸和规格的箍筋，并能加工成多种尺寸和规格的方形、矩形、菱形、多边形等形状。

5.1.2 钢构件焊接机械

焊接钢构件是把钢板进行切割，根据需要焊接成所需要的截面形式，主要是有 H 形和箱形等形式。该类成型方式主要是针对钢板厚度较厚时所采用的一种成型方式，在比较重大的钢结构工程中，多采用该类成型方式。其中焊接的形式有多种多样，所采用机器也不同，如图 5-4 所示。

电弧焊：利用电弧产生的高温熔化被焊钢材和焊条，形成焊缝。电弧焊有手工电弧焊、气体保护焊、自保护电弧焊、埋弧焊、螺柱焊、点焊等。

气焊：利用燃气和空气或氧气混合燃烧产生的高温火焰熔化被焊钢材和填充金属，形成焊缝。

闪光对焊：用对焊机使两段被焊钢筋接触，通过低电压的强电流，钢筋被加热到一定温度变软后，轴向加压顶锻，形成对焊接头。

除了上述以外的焊接方式，还有高频焊接，这种焊接方式是采用把钢材局部温度升高熔接在一起的方式，多用于构件板材较薄的情况。

5.1.3 钢构件冷成型机械

冷成型钢材是指在室温下通过冷镦、冷轧、模锻等工艺加工成型的钢材。冷成型钢材的特点有：

1）冷成型钢更适合用于承受较小的负载和构建较短跨度的结构；

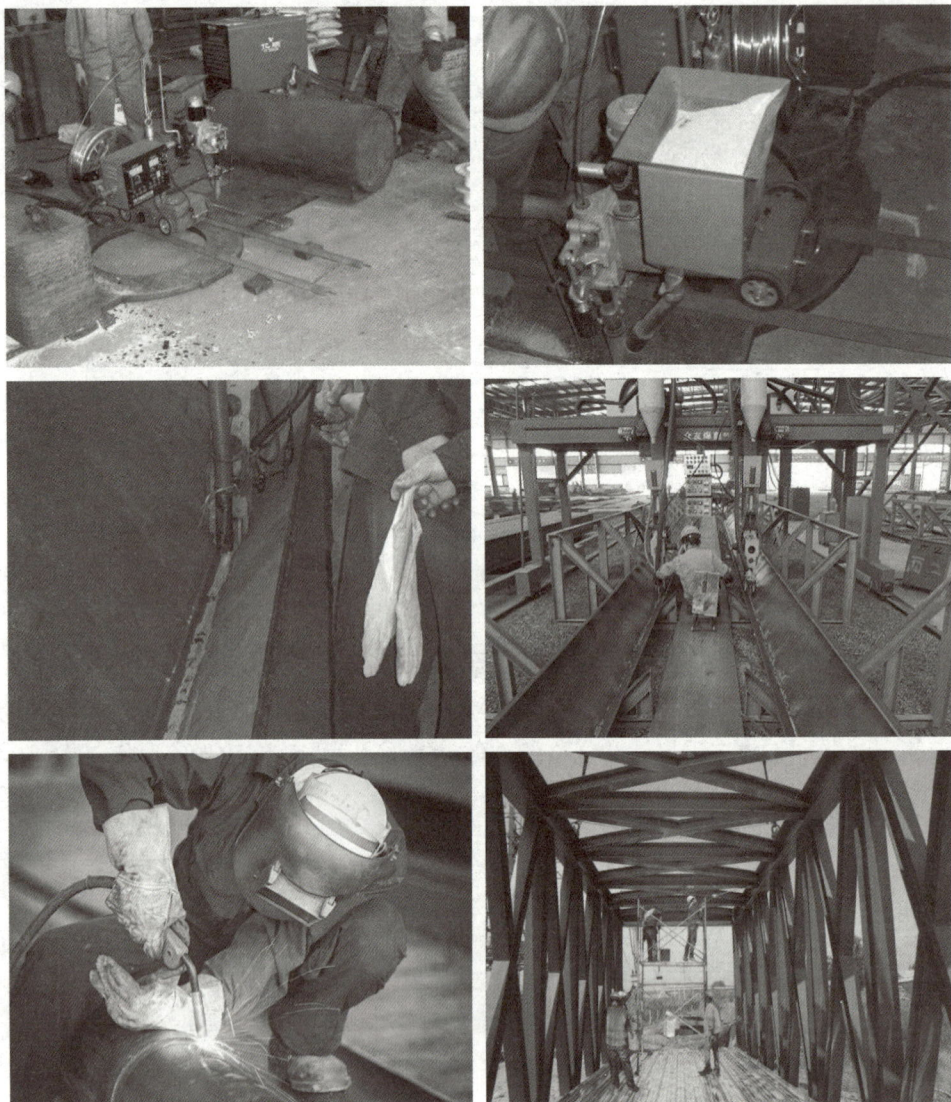

图5-4　焊接钢构件所用机械和应用

2）冷成型可以高效地塑造出复杂的截面形状，从而实现理想的强度与重量比；

3）冷成型原料在玻璃态下即可进行加工，无须熔化或软化至黏流状态，避免了聚合物或树脂在高温下发生降解，从而提高了最终制品的性能。

冷成型工艺大大缩短了生产周期，其在小型钢结构中、建筑的围护结构中以及临时钢结构建筑中得到广泛的应用，如图5-5所示。

冷弯成型设备，也称为冷弯成型机，是一种金属板带塑性加工机械，通过多道次成型轧辊按顺序配置，不断进行横向弯曲，以制造特定断面型材。该设备包括开卷部分、送料部分、成型部分以及成品出料部分，通常由开卷机、活套、主机（包括机架和孔型制造）、高频焊接机、飞锯矫直机和打包机等部分组成。

图 5-5　冷成型钢材的加工机械与应用

5.2　钢构件智能化加工装备及其应用案例

5.2.1　焊接机器人

随着电子技术、计算机技术、数控和机器人技术的快速发展，自动焊接机器人从 20 世纪 60 年代开始用于生产以来，其技术已日益成熟和完善。如今，在汽车制造业中，如汽车底盘、座椅骨架、导轨、消声器以及液力变矩器等焊接，焊接机器人已广泛应用。最早在汽车行业中应用焊接机器人的主要原因是焊接的精度等各方面要求较高，随着土木工程的智能化发展，焊接机器人在钢结构中应用也越来越多。

机器人产业是现代科技进步的标志，也是我国新兴产业的关键部分，其迅速发展有多重原因。首先，随着我国社会老龄化的加剧，劳动力资源逐渐减少，劳动力成本不断上升，因此需要用机器人来替代简单重复的工作。其次，从全球制造业的发展趋势来看，客户定制、柔性制造、成本控制和全球资源整合已成为核心要素。在这种背景下，机器人逐渐成为重要的生产工具。

机器人能够严格遵守工艺要求，对操作人员的焊接技术水平要求较低，且焊接过程中人为因素的影响较小。同时，机器人焊接还具有焊缝美观、过程稳定、效率高等优势。在建筑钢结构工程建设中，尤其是厚壁、长焊缝和多位置焊接的场景，机器人自动焊接具有广泛的应用前景。

焊接机器人是一种能够自由编程并控制三个或更多轴的工具，能够将焊接工具准确送到预定位置，并按预设轨迹和速度移动。完整的机器人自动焊还包括精密焊接质量闭环控制系统、机器人控制电源、焊接过程动态建模与控制、自主跟踪等系统，以及焊接专家系统。目前既懂得机器人技术，又懂得焊接技术的工程技术人员紧缺，远远不能满足企业需求。

5.2.1.1　机器人部分

机器人与其他自动化机器的主要区别在于其编程自动化，实现自动焊接。目前的编程技术主要分为四种。

第一，离线编程。其主要用于解决建筑钢结构构件的焊接问题。机器人工程师使用专用三维软件来描述构件上的每道焊缝、机器人的运动姿态以及焊接工艺，从而生成机器人可执行的焊接指令。然而，这种技术存在一些明显的问题。目前零部件加工工序主要依赖于半自动和手工方式，导致焊缝位置偏差大、重复件少。这使得离线编程需要进行大量重复性工作，效率低下，且编程质量取决于工程师的能力，后期改进困难。尽管理论上看似无差，但其实践可靠性仍需检验，目前仅适用于单道焊缝的工程。这项技术是大专院校的主要研究方向。

第二，示教编程。示教编程基于焊接技师的经验进行操作。技师操纵机器人进行有效的焊接，每次操作都会被储存到数据库中。对于每一种结构（板厚及坡口），都需要进行一次成功的示教。在后续的工程中，相同类型的结构可以直接调用。然而，这种方法的缺点是工作量巨大且成本高昂。然而实践证明，示教编程是一种可靠的技术。

第三，可视性编程。这是更高层次的技术，要求机器人具备视觉能力，并拥有准确而庞大的数据库。这种技术的机器人成本和数据库建立成本都非常高。

第四，可视性建模编程。这种技术利用相机拍摄现场坡口形态，通过调出或自动生成相应的工艺参数进行自动焊接。目前，这是成本较低、较先进的技术，但仅限于角焊缝的焊接。

5.2.1.2　电源部分

人们往往忽视电源部分的内容，主要是因为目前焊接电源的质量和可靠性已经有所提升，与机器人的匹配也相对随意，从而忽略了自动焊接对电弧的要求。当前与机器人相匹配的焊接电源多为 MIG/MAG 气体保护焊机，其电弧为普通电弧，而对于脉冲特殊电弧的开发研究还不够充分。同时，只有极少数应用了埋弧焊焊机。

为了更好地应用焊接机器人自动焊技术，应当重视焊接工艺的研究。焊接工艺的开发研究与焊接设备和材料密切相关，因此应当充分重视焊接工艺的研究，才能更有效地利用机器人技术。

5.2.1.3 新型焊接技术

新型焊接技术对焊接机器人较为重要，比如焊接机器人贴角焊缝焊接技术，该技术可实现无需人工示教编程，解决了非标金属结构件的智能焊接问题。其具体的特点如下：

1）开发了焊接模拟系数软件，可快速建立焊缝模型，并与机器人进行数字互联，提高了建模效率。

2）研发了构件自动快速定位技术，采用点对点快速定位方式，将模型与构件精确对应，实现了非标构件的一次性自动焊接，简化了定位过程。

3）研发了相机自动识别和三维数字处理技术，结合激光定位与纠偏功能，快速计算工件位置，自动形成精准的焊接路径及运动姿态，提高了焊接精度。

4）研发了焊接程序自动生成技术，该技术利用与机器人相匹配的数据格式和接口参数，可自动调用、修改存储焊接参数，根据焊接路径快速生成焊接程序，实现了贴角焊缝的智能焊接。

该技术具有较高的可靠性和效率，因此在全国范围内广泛应用于贴角焊缝机器人的自动焊接。其工作原理和焊接现场如图 5-6、图 5-7 所示。

埋弧焊与机器人匹配的贴角焊缝焊接及全熔透焊缝技术，集成了基于焊接起始位置自动识别、激光跟踪的焊道定位、跟踪与纠偏的机器人智能焊接技术，以及相控阵超声波传感的焊接质量在线监测技术等，集成创新了焊道自动纠偏、智能检测，实现了 H 形钢智能焊接装备国产化，提高了生产效率和产品质量。在实施过程中，焊枪的运动轨迹由激光跟踪系统进行精确控制。同时，采用了船形焊的方式确定焊接位置。主要影响因素包括不同的翼板和腹板厚度，而焊接参数则以标准工艺为基础进行调整。通过开展针

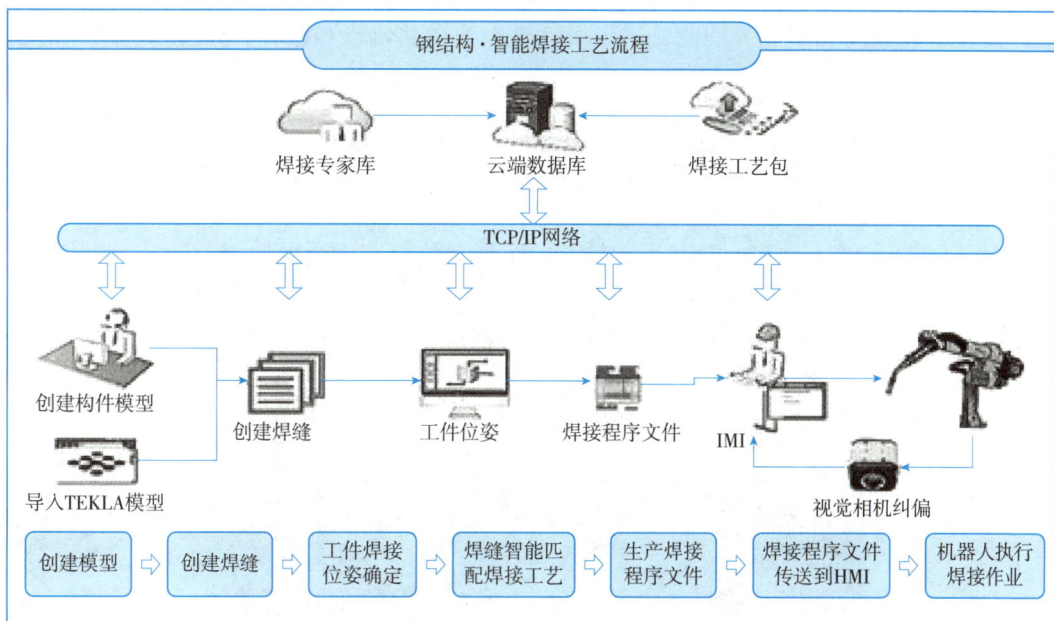

图 5-6 钢结构智能焊接工作原理

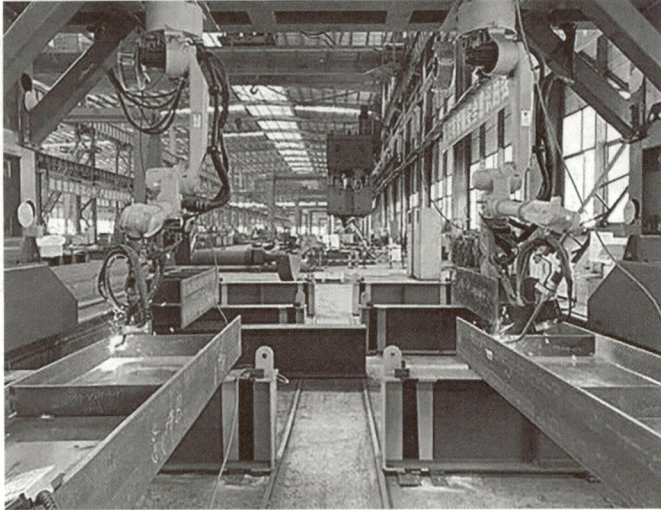

图 5-7　钢结构智能焊接现场

对不同规格 H 形钢构件的焊接试验，形成了适用于 H 形钢机器人智能焊接制造示范线的焊接参数。

　　H 形钢的埋弧焊焊接工作由机器人智能焊接工作站完成。该工作站由两套直角悬臂机器人组成，每套机器人都包含机器人主体、集成控制系统、焊接系统、焊剂输送回收装置、激光跟踪装置以及辅助和安全装置等部分。在钢结构行业中，我国首次成功地将埋弧焊技术与机器人技术相结合，具有很高的实用价值。

　　埋弧焊焊接机器人是机器人智能焊接工作站的核心部分（图 5-8），主要负责控制和调整焊接机头的运行轨迹和位置。集成控制系统由控制柜、手持操作器和连接电缆等组成，具备示教和离线编程等功能，用于引导机头的运动轨迹和位置。焊接系统则包括埋

图 5-8　H 形钢机器人智能焊接工作站

弧焊接电源、送丝装置、埋弧焊接机头、线缆及附件等，可以与控制系统进行信息交互，使得操作和调整更加便捷。焊剂回收装置则由焊剂输送回收一体机、电动料斗、输送与回收管路等组成，其回收位置可调，操作集成于控制系统之中。激光跟踪系统则主要由激光器、光学传感器和中央处理器、防护装置、线缆等组成，能够实时检测焊缝偏移并反馈给控制系统，引导焊枪跟随焊缝行走。

机器人智能焊接工作站融合了多种先进技术，如基于接触传感和空间坐标变换的钢结构机器人焊接位置精准识别技术，解决了因焊缝定位偏差导致的焊接程序失效问题。还集成了激光跟踪定位技术，利用光学传播与成像原理，检测实际焊缝与焊枪之间的偏差，如图 5-9 所示。通过专用的程序算法处理偏差数据，由运动执行机构实时纠正偏差，实现焊接过程中焊缝的实时定位、跟踪和焊缝定位偏差的纠偏。

图 5-9　H 形钢埋弧焊接激光跟踪

H 形钢构件采用机器人智能埋弧焊接，是十分容易掌握的实用技术。在工作实践中，焊接速度的平均值为 58cm/min，即机器人焊接 1m 构件的基本时间为 6.9min（已考虑 H 形钢构件有四条焊缝），构件吊装、翻身消耗的辅助时间为基本时间的 3%，调节程序、设备及过程监控消耗的服务时间为基本时间的 5%，休息时间为基本时间的 2%，即焊接 1m 构件总耗时 7.6min，且机器人智能化焊接工作站配有 2 套机器人焊接系统，则机器人智能化焊接工序的时间定额为 0.2632m/min，每日可加工构件 284.2m。

将埋弧焊技术与机器人相匹配，在建筑钢结构焊接机器人的应用中具有显著的实际效果。由于埋弧焊技术具有高自动化、大熔敷量以及可靠的焊接性能等特点，与机器人技术相结合能发挥出更大优势。此外，埋弧焊容易实现一次成形，从而避免了焊接坡口热变形问题，使机器人工作稳定可靠。这不仅提高了生产效率和焊接质量，而且使贴角焊缝达到了教科书式的成形质量，如图 5-10 所示。

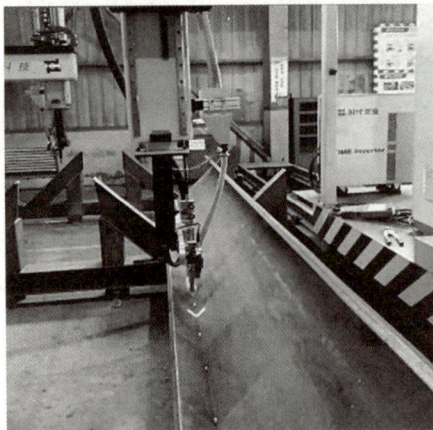

图 5-10　埋弧焊工艺同机器人匹配　　　图 5-11　贴角焊缝全熔透宏观金相
贴角焊缝宏观金相

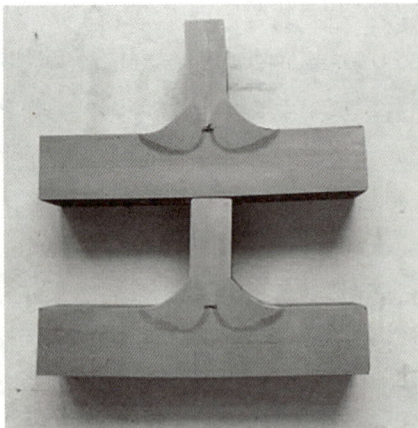

此外，该技术实现了 25mm 板厚的 H 形钢不开坡口一次成形全熔透焊接，焊接接头的力学性能和微观金相均达到技术标准要求。这对提高钢结构制作效率和质量具有重要意义。贴角焊缝全熔透宏观金相如图 5-11 所示。

5.2.2　焊接机器人在钢结构中应用过程与现状

2005 年，在北京"鸟巢"工程施工期间，北京石油化工学院与浙江精工钢结构集团有限公司共同研发的焊接机器人首次应用于钢结构现场施工，基本满足了施工要求。后续对机器人焊接设备进行了升级，增加了焊缝轨迹示教、焊接参数储存记忆、电源联动控制等功能，并实现了焊缝电弧跟踪控制、多层多道自动排道等技术。

近年来，中铁山桥集团有限公司、中铁宝桥集团有限公司和唐山开元机器人系统有限公司联合研发的焊接机器人在港珠澳大桥钢箱梁 U 形肋的施工中成功应用。此外，还研发了板单元自动组装和定位焊系统、U 形肋和板肋单元焊接系统、横隔板单元焊接系统、腹板轨道式焊接系统，并建成了正交异性板单元的机器人焊接生产线。同时，小型焊接机器人用于钢箱梁整体拼装和索塔钢锚箱焊接。

宝钢钢构有限公司与唐山开元机器人系统有限公司联合研发的焊接机器人在建筑钢结构制造中得到应用。这套系统适用于常规构件的机器人焊接，并开发了适用于非标件的快速、智能软件编制技术。同时，建立了非标件焊接机器人工艺参数数据库，解决了机器人焊接精度和零部件装配偏差问题。

针对箱形钢结构环缝焊接问题，清华大学和中铁建设集团有限公司联合开发了一种直 – 弧组合轨道式焊接机器人系统。该系统采用综合轨迹规划法，使机器人在箱形钢结构环缝焊接时能简便高效地调整焊枪位姿。

目前，在桥梁钢结构领域，尤其是板单元的焊接制造中，焊接机器人的应用已相当成熟，并得到行业认可。但在建筑钢结构领域，其应用尚处于初始阶段，例如在焊接小批量、复杂构造或制造和安装精度较低的构件时还存在问题。不过，随着钢结构设计的模块化、系列化和标准化程度的提升，以及机器人智能化程度的提高和焊接数据库的丰富，机器人焊接技术在钢结构行业的应用前景广阔。

提高钢构件的模块化、系列化、标准化设计是机器人焊接技术应用的基础。同时，建立完善的焊接数据库、开发智能编程软件和提升焊接机器人智能化程度也是未来工作的重要方向。

尽管目前大多数焊接机器人在建筑钢结构行业的应用主要集中在制造工厂内，但北京石油化工学院和浙江精工钢结构集团有限公司在某些重点工程中的成功应用表明了其在实际施工中的潜力。

总体来说，随着钢结构用钢量的增加和人工成本的上升，机器人智能化焊接技术在钢结构领域的研发和应用已成为趋势。尽管与汽车、工程机械等行业相比，钢结构行业的机器人焊接技术应用发展相对较慢，但许多制造施工企业与科研机构、大专院校或设备厂商正在联合攻关，并取得了一些成果。将传统的"人工半自动焊"生产模式升级为智能焊接制造模式将有助于提高工件一次焊接合格率、生产效率及降低人工成本和劳动强度，同时为产品质量提供可追溯的数据。

5.2.3　装备组成

可移动智能焊接机器人由多个子系统组成，包括可移动机器人本体、主控系统、电弧跟踪传感子系统、激光视觉寻位导引子系统和焊接过程可视化监测子系统，如图 5-12 所示。

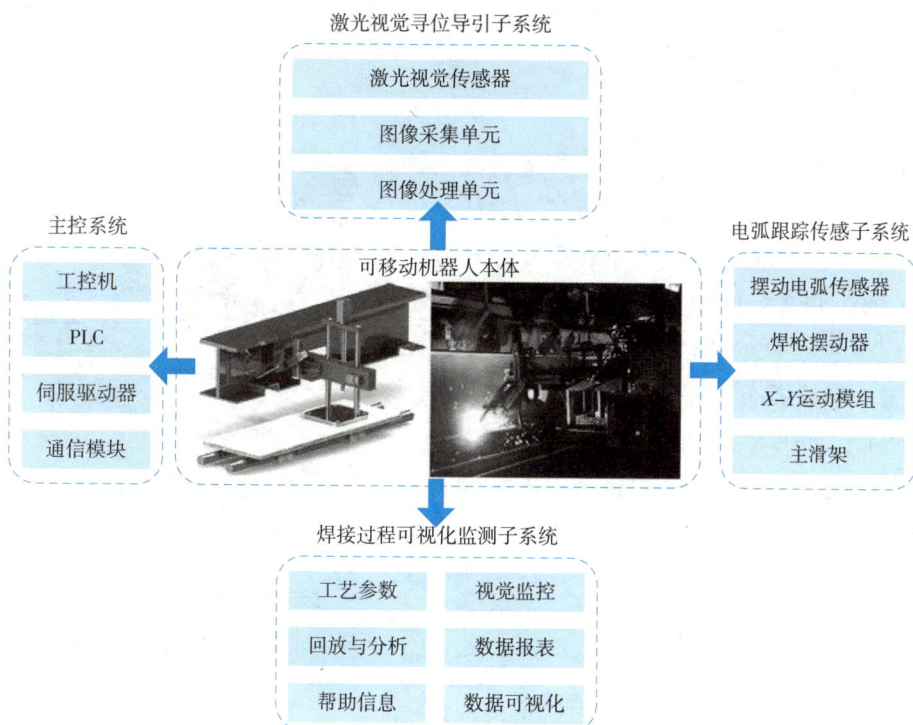

图 5-12　可移动智能焊接机器人系统结构示意

5.2.3.1 可移动机器人本体

可移动机器人本体是自动执行工作的机器装置。它既可以接受人类指挥，又可以运行预先编排的程序，也可以根据以人工智能技术制定的原则纲领行动。它可以在一定范围内移动，任务是协助或取代人类的工作，例如生产业、建筑业等。

这些子系统协同工作，实现了对箱梁结构件待焊焊缝轨迹的在线获取，以及焊接过程中的实时纠偏等功能。整个制造过程的实施由主控系统全局控制，通过激光视觉寻位导引子系统实现空间焊缝轨迹在线识别、焊接初始点寻位、间断跳焊导引，结合电弧跟踪传感子系统与焊接机器人本体实现焊接过程中的实时纠偏，同时通过焊接过程可视化监测子系统进行熔池区域可视化监测与工艺参数实时同步采集存储。系统工作流程如图 5-13 所示。

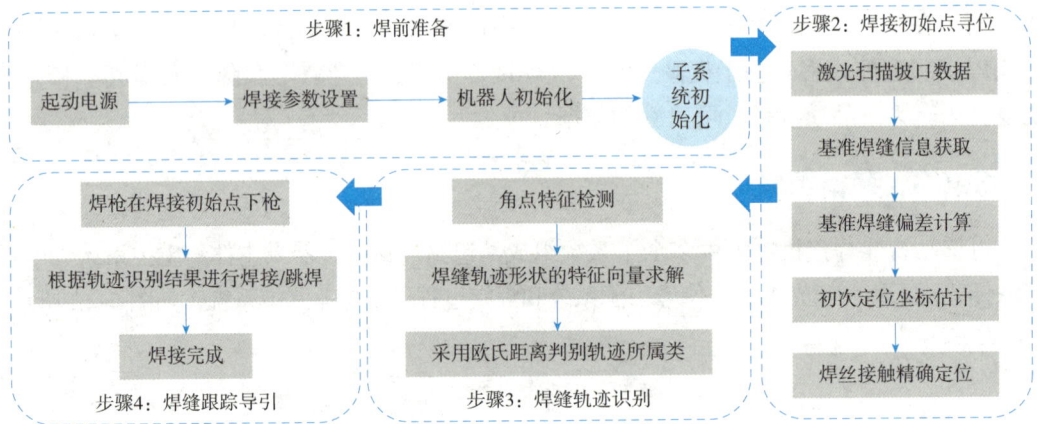

图 5-13　系统工作流程

可移动机器人本体采用直角坐标系机器人构型设计，是焊枪与各外部传感子系统的载体。机器人具有 5 个自由度，分别为 3 个移动轴（X 轴、Y 轴、Z 轴）和 2 个旋转轴（旋转轴 1 和旋转轴 2）。在焊接过程中，焊枪的位置可以在 X、Y、Z 方向调整，焊枪姿态通过旋转轴 1 和旋转轴 2 进行精准调节，如图 5-14 所示。

综上所述，可移动智能焊接机器人结合了多种先进技术，包括机器人的可移动性、主控系统的全局控制、激光视觉寻位导引子系统的轨迹获取、电弧跟踪传感子系统的实时纠偏以及焊接过程可视化监测子系统的实时监测等。这种智能焊接机器人具有较高的实用性和应用前景，将为钢结构制造行业带来更高效、精准的焊接解决方案。

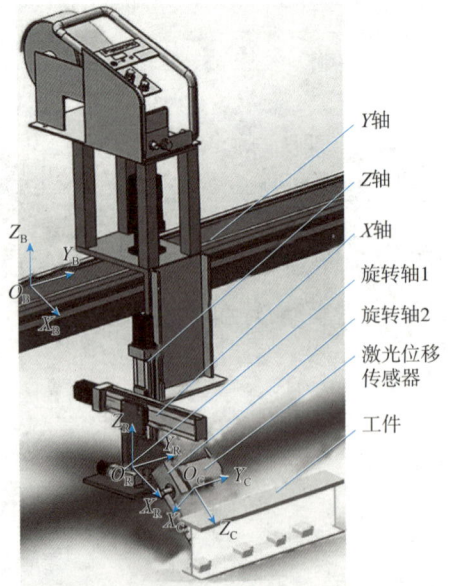

图 5-14　可移动机器人本体结构示意

它在生产业、建筑业从事困难和危险的工作时，能够替代人类发挥出十分重要的作用，因此，越来越受到相关领域的重视，近年来发展十分迅速。

5.2.3.2 主控系统

主控系统是可移动智能焊接机器人装备的控制和信号处理中枢，其结构如图 5-15 所示。在主控系统中，工控机与 PLC 通过 RS485 总线进行通信，由 PLC 下发信号控制伺服驱动器驱动伺服电动机，控制机器人的位姿变换。此外，本系统还配备人机交互控制面板，在焊接作业前，首先，通过人机交互控制面板检测焊枪摆动器的伺服编码器是否处于正确的编码位置；其次，通过激光视觉寻位功能实现焊接起始点导引；最后，焊接工作开始，在整个焊接过程中，由主控系统负责对频率、摆动侧壁停留时间、摆动幅度、摆动波形、焊枪的对中控制与机器人的移动速度进行调整。

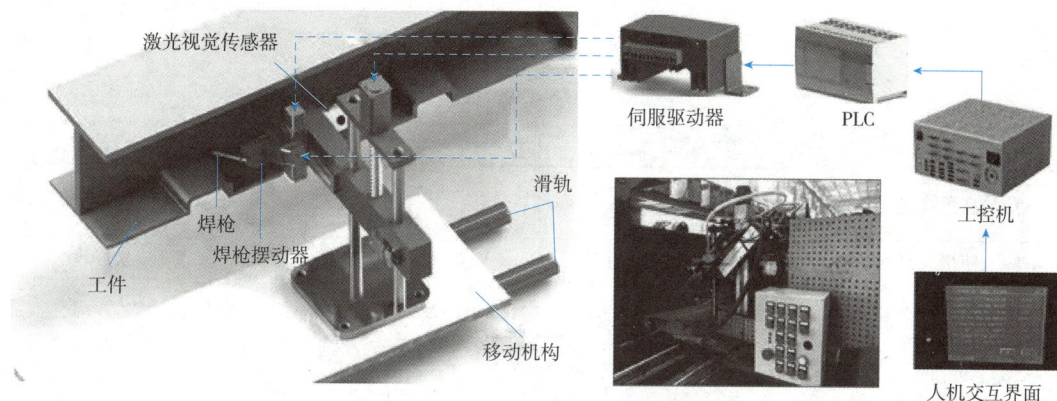

图 5-15 主控系统结构组成

5.2.3.3 电弧跟踪传感子系统

电弧跟踪传感子系统是可移动智能焊接机器人装备的重要组成部分，它由摆动电弧传感模块和焊枪摆动器组成，结构如图 5-16 所示。摆动电弧传感模块主要用于检测焊接过程中的实时电流和电压差值，从而间接获得焊缝的位置信息。这种机械式电弧传感方式具有抗弧偏吹、高温以及强磁场干扰的优点。焊枪摆动器分为机械摆动与电控摆动两种。考虑到箱梁厚板的多层焊以及摆动参数在线可调的需求，本装备采用了电控式焊枪摆动器。这种电控式焊枪摆动器通过安装在 X-Y 运动模组上的电动机实现焊枪的摆动与弧长控制，而连接主滑架与 X-Y 运动模组的倾角电动机则负责焊枪的角度调节。

除了实时跟踪焊缝位置，焊枪摆动工艺还可以增加侧熔深和改善焊缝组织，从而提高焊缝质量和优化焊缝成形。此外，这种摆弧工艺还能进一步增加焊接接头装配定位的允差范围。如需了解更多关于该子系统的性能指标，请参阅表 5-1。

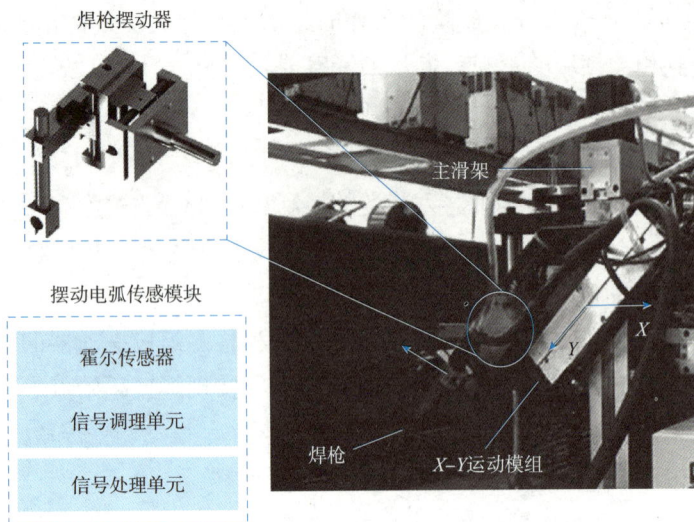

图 5-16　电弧跟踪传感子系统结构组成

电弧跟踪传感子系统性能指标　　　　　　　　　　表 5-1

性能指标	具体参数	性能指标	具体参数
适应最高焊接速度（m/min）	1.4	适应间隙 错边量（mm）	≤ 4.8 ≤ 3
使用坡口类型	V 形、角接、搭接	适应定位焊点高度	≤ 2/3 焊缝厚度
最小摆弧范围	≥ 1.5 倍焊丝直径	跟踪精度（mm）	± 0.1 ± 0.4
材料厚度要求（mm）	≥ 3	超前检测误差	无
适应焊接工艺	CO_2、MIG、MAG	适应最大偏离角	横向 30° 高低 10°

5.2.3.4　激光视觉寻位导引子系统

激光视觉寻位导引子系统主要由图像处理单元（微控制器）、图像采集单元（包含滤光片、步进电动机、平面镜、接收透镜和 CCD 相机）、激光视觉传感器组成，如图 5-17 所示。其中，步进电动机和平面镜构成旋转镜装置，在测量过程中，由微控制器控制电动机驱动平面镜偏转，使入射激光角度发生变化，从而可以在系统位置和姿态不变的情况下进行多个方向的测量，大大提高了测量自由度。

激光视觉寻位导引子系统在可移动智能焊接机器人中扮演着关键角色，它负责精确测量和实时跟踪焊缝位置。以下是该系统的测量过程：首先，微控制器通过步进电动机驱动平面镜转动，使激光束在焊缝表面进行扫描。这样，工件表面的激光光斑能够通过滤光片和接收透镜反射到 CCD 进行成像。随后，微控制器接收到二维焊接坡口轨迹的反馈并进行识别与分类。这个过程有助于实时判断空间焊缝轨迹的类别，特别是在处理复杂箱梁结构中多种不同的焊接坡口轨迹时，如图 5-18 所示，确保了所需的焊接位姿和

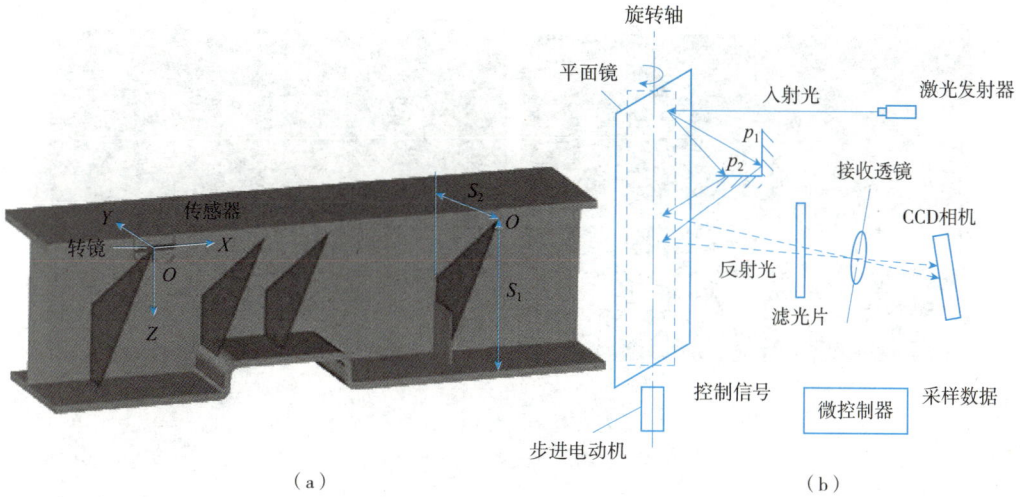

图 5-17　激光视觉寻位导引子系统进行焊缝扫描示意

（a）激光视觉传感检测箱型梁结构件；（b）三角测量原理结构

运动轨迹的准确性。该系统的一大优势在于能够通过实时检测焊接坡口轨迹的角点特征，求解表征轨迹形状的特征向量，实现在线自主判别空间焊缝轨迹所属类别。在实际应用中，该系统的引弧点准确率高达 98%，寻位精度达到 0.025mm，显著提高了焊接过程的精确性和可靠性。

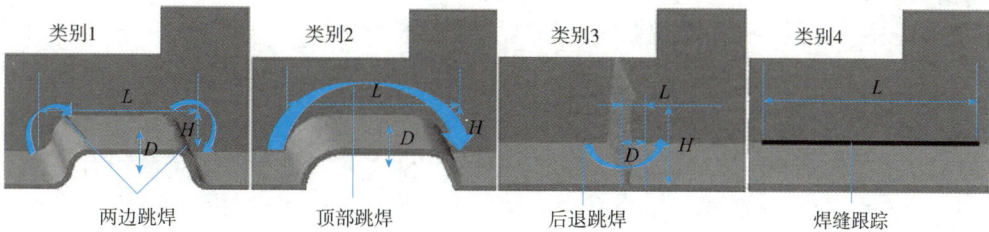

图 5-18　箱梁结构中的典型焊接坡口轨迹

5.2.3.5　焊接过程可视化监测子系统

焊接过程可视化监测子系统是可移动智能焊接机器人装备的重要组成部分，主要用于监测和记录焊接过程中的高速图像以及相应的焊接参数，如焊接电流、电弧电压、电弧摆动角度和速度等。该系统的同步精度高，支持图像与焊接参数同屏显示，为焊接过程提供了可视化、量化的分析手段。

图 5-19 展示了焊接过程可视化监测子系统的应用页面。在系统启动后，用户需要对焊接的各个参数进行设定，并通过 RS485 通信将这些参数发送到工控机和焊枪摆动器控制器中。参数设置完毕后，打开相机和激光光源，焊工通过无线遥控器微调焊枪和工件之间的相对位置关系，为起焊做好准备。在起弧的同时，调整相机的曝光时间为 0.01ms，开始进行焊接。

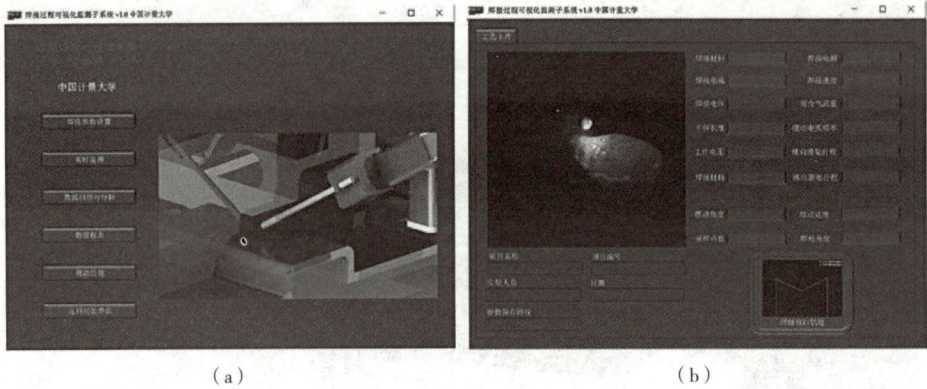

（a）　　　　　　　　　　　　　　　（b）

图 5-19　焊接过程可视化监测子系统应用界面

（a）应用主界面；（b）在线图像监测及数字化记录界面

应用页面实时显示起焊后的各焊接参数、熔池熔滴图像以及由激光视觉寻位导引子系统获得的焊缝坡口轨迹。这种可视化监测方式有助于用户直观地了解焊接过程，并对其进行分析和优化。图 5-18 所示为焊接过程可视化监测子系统应用页面。在系统启动后，首先，对焊接的各个参数进行设定，同时将设置的参数通过 RS485 通信发送到工控机和焊枪摆动器控制器中；其次，参数设置完毕后，打开相机以及激光光源，焊工通过无线遥控器，微调焊枪和工件之间的相对位置关系，做好起焊准备。在起弧的同时调低相机的曝光时间为 0.01ms，开始焊接。界面中实时显示起焊后各焊接参数、熔池／熔滴图像和激光视觉寻位导引子系统获得的焊缝坡口轨迹。

5.2.3.6　总结

1）新型可移动智能焊接机器人具有高效柔性化制造中厚板复杂箱梁的能力，自动化程度高。与传统机器人和焊接专机相比，该装备具有强自适应能力和高易用性，能够提高焊接一次合格率。由于操作简单直观，可以大幅减少操作人员数量、技能要求和劳动强度，同时降低工装夹具精度要求和部署成本。采用模块化设计，结构紧凑集成度高，缩短了装配组对和编程示教时间，提高了生产节拍。

2）摆动电弧传感子系统是机器人智能化焊接作业的关键支撑，实现了摆弧工艺与焊接纠偏的解耦。该系统在三维焊缝高速焊、变间隙打底焊、多层焊自动跟踪等技术难题上取得了突破，其核心技术指标超过国内外同类产品，并使焊缝成形美观。与视觉跟踪传感类产品相比，该系统具有强鲁棒性、无超前检测误差、免标定等优势，能够适应复杂工况和恶劣环境。

激光位移传感的焊接寻位导引子系统采用创新的"空间焊缝轨迹在线识别－初始点寻位－间断焊跳焊导引"模式，无须进行运算量庞大的轨迹三维重建和轨迹规划，同时避免了传统工业机器人视觉传感系统复杂的标定工作。

3）基于多传感信号同步采集的焊接过程可视化监测子系统适用于多种典型焊接工

艺，能够低成本地提高焊接电弧、熔滴与熔池图像清晰度。该系统结合统计分析与人工智能技术进行焊接过程预警监测与质量溯源，有效减少因缺陷引起的废品产生和停机等事故，并为工艺优化、人员培训、产品全生命周期质量控制提供可追溯的数据。

4）该装备的应用领域并不局限于钢结构制造，还可拓展应用于起重运输装备、重型机械、能源装备、海洋工程与船舶、石油化工等领域的其他大型复杂结构件的全位置自动化焊接。随着中国制造技术的不断发展，智能制造在汽车、轨道交通、工程机械、船舶、钢结构及电力装备等行业的应用正在加速。随着焊接应用技术进步的不断加速，钢结构行业普遍采用焊接机器人肯定是焊接应用技术的发展方向之一。北京大兴机场与港珠澳大桥等工程中机器人焊接的成功应用证明了这一点。如何实现钢结构制造中机器人的快速应用一直是工程技术人员不断研究的课题，并且已经取得了很好的成果。

5.2.3.7 焊接机器人技术的发展方向

在我国，随着制造业更新换代、转型升级，国内对工业机器人的需求，已经不再是高端用户的概念，众多中小企业对使用工业机器人有更加强烈和迫切的意愿，这为我们国产机器人的发展提供了很好的时机。同时，借助独特的服务优势和了解国情的优势，可以设计出更加满足国情的强适用型焊接机器人系统。

在我国制造业转型升级的大背景下，工业机器人需求日益增长，不仅限于高端用户，越来越多的中小企业也对其产生了强烈意愿，为国产机器人的发展提供了宝贵机遇。凭借独特的服务和国情了解优势，我们可以设计出更符合国情的弧焊机器人系统。

机器人焊接技术的核心在于信息技术，它融合了人的感官信息、经验知识、推理判断以及跨学科的焊接过程控制和工艺知识。突破机器人焊接智能化关键技术，对于其在钢结构领域的应用至关重要。

针对机器人智能化焊接技术应用难题，国内外研究机构和钢结构企业已开展大量研究工作，主要聚焦于钢结构机器人焊接数据库、焊缝跟踪技术以及智能化制造生产线等方面。

1）焊接数据库技术。这是钢结构机器人焊接的核心，涉及轨迹规划、焊枪位姿、焊接电流等多项焊接参数。由于钢结构构件的非标特性，接头形式复杂，材料种类、规格繁多，且装配偏差大，为满足准确编程要求，需基于实际装配间隙和坡口角度建立庞大的焊接数据库。优化数据库以适应钢结构行业是研究重点，而加强构件及焊接节点的标准化设计是减小数据库规模的关键途径。

2）焊缝跟踪技术。作为纠偏的重要手段，焊缝跟踪技术是焊接机器人技术研究重点之一。在实际焊接过程中，装配偏差和焊接变形可能导致焊缝轨迹偏离。电弧跟踪技术通过电弧与工件间距离变化检测焊枪位置偏差，实时跟踪焊缝中心位置。该技术反馈速度快、实时性好，且不受弧光、飞溅和烟尘影响，特别适用于钢结构构件的焊缝跟踪。

3）钢构件智能化制造生产线。这涉及生产工艺、数据库技术、焊接材料研制、质量监测技术及生产线升级等多个方面。研究适用于机器人焊接的接头类型、焊接位置、方法等，开发智能化制造生产工艺。建立基于专家系统的焊接智能化制造数据库，实现参数自动调用和修正。研究焊丝原材料成分、性能及制造工艺对其送丝稳定性的影响规律，发展适用于焊接机器人用的配套材料。基于机器人焊接、质量监测技术和数据库技术升级生产线，并开展应用示范。此外，还需考虑焊接机器人工作站与物流自动化的匹配。

随着技术的不断进步和应用需求的增长，机器人焊接在钢结构领域的应用将更加广泛。

5.2.4　钢筋焊接智能生产线

钢筋焊接智能生产线（图5-20）是一种由超声波焊接系统、自动焊接系统、自动剪切和弯曲系统、电气控制系统以及其他辅助系统组成的机器。它可以实现从钢筋的备料、切割、弯曲、焊接、堆放等工序的自动化，极大地提高了生产效率，减少了人为操作误差。其中，超声波焊接系统是该设备核心的部件之一，它利用高频率的机械振动能传递到焊件，使焊件在相对位置上产生一定量的位移，在共同熔化时实现原子间的结合。

钢筋焊接智能生产线适用于高速公路、机场、桥梁、隧道、高层建筑等建筑行业中大量使用的各种直径的钢筋连接。与传统焊接方式相比，其优点在于焊接质量好、效率高、成本低、劳动强度小、生产周期短。随着科技的进步和工业化的发展，钢筋焊接生产线在建筑行业中的应用越来越广泛。该系统与钢结构系统较为相似，此处不再赘述。

图5-20　钢筋焊接智能生产线示意图

5.2.5　智能化焊接在某高层工程中的应用

1. 超高层钢结构建筑焊接普遍存在的难点

超高层钢结构焊接工作量和难度经常超乎常人想象。超长焊缝焊接、一级全熔透焊缝质量要求、100%无损探伤检测，每道焊缝需要与焊工一一对应，焊接人工成本、时间成本和管理成本不菲。

大量高空作业，工人来回穿梭，十分危险。企业运营风险高，发生事故后，用人单位将面临严重的扣分及惩罚。长期离乡别井，工作环境恶劣，职业病困扰，优质的焊接工人越来越短缺。

工程界大规模应用的成熟焊接机器人产品还是空白，原因是焊接环境和机器设备等多方面的。传统结构工程师没有为工业化施工、机器人焊接创造便利的设计、施工条件，机器焊接推广难度大。传统结构构件多采用内置型钢形式，标准化程度低，焊接施工环境恶劣，如图5-21所示。

图 5-21　传统的焊接环境

　　目前房建领域的焊接机器人多应用于工厂焊接，现场机器人焊接以科研性质居多，目前个别超高层项目，有类似科研课题，但后续推广、再应用案例很少。因此，现场焊接往工业化、机械化转变势在必行，新型智能焊接融合工业化、标准化、装配化等先进设计理念，为实现现场"装配式钢结构＋机器人焊接"创造土壤，埋下新技术的种子，是未来超高层钢结构工业化的发展方向。

2. 无导轨全位置爬行焊接机器人应用

　　无导轨全位置爬行焊接机器人是一种无须轨道无须导向可自主追踪焊缝的智能特种机器人系统，主要由爬行机本体、电气控制柜、机器视觉跟踪系统及焊接负载组成，可有效解决大型结构件在工程现场的自动化焊接。

　　无导轨管道焊接机器人是专门针对管道全自动焊接研发的特种机器人，可适用管径 $\phi 168mm \sim \phi 1800mm$，该机器人主要由爬行机本体、控制柜、机器视觉跟踪系统及焊接负载组成，在焊接过程中无须轨道、无须导向，通过机器视觉跟踪系统实时获取焊缝宽度、深度、角度等坡口信息，实现 $\pm 0.2mm$ 精度自动跟踪焊接，如图 5-22、图 5-23 所示。

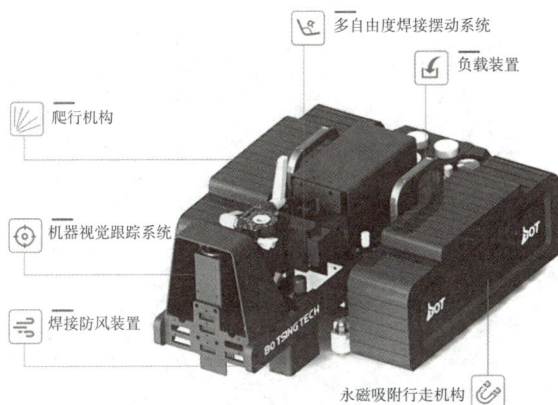

图 5-22　箱形构件爬行定制机

图 5-23　圆管构件爬行定制机

对于单个矩形构件（矩形钢管混凝土柱、外包钢管混凝土剪力墙）的焊接，可采用BOT-RBS箱形构件爬行定制机。两台焊接机器人反对称同时焊接，避免焊接变形过大。起焊处采用简便的磁吸式工装，为焊接机器人起焊创造条件。

对于采用快速施工技术的核心筒（外包钢管混凝土剪力墙），也可采用箱形构件爬行定制机。在相邻两个墙肢之间安装简便的磁吸式工装，形成连续的机器人行走路线，机器人粗略就位后可自主寻找焊缝连续施焊，大幅提升焊接效率。4台焊接机器人在核心筒内外对称同时施焊，减少焊接变形及累积误差。

对于单个圆形构件（圆形钢管混凝土柱）的焊接，可采用圆管构件爬行定制机。一台焊接机器人按照顺、逆时针交替行走的路径焊接，避免焊接变形过大，起焊点可在圆管对接处任意选取位置。

在应用之前，进行1:1模拟工艺试验，包括焊接机器人机载激光自动识别、跟踪焊缝、箱形和圆管构件的焊缝质量（图5-24~图5-28）。结果表明，施焊质量可以得到保证，满足要求，可以在高层建筑智能化施工中得到广泛应用。

图5-24　爬行定制机施焊

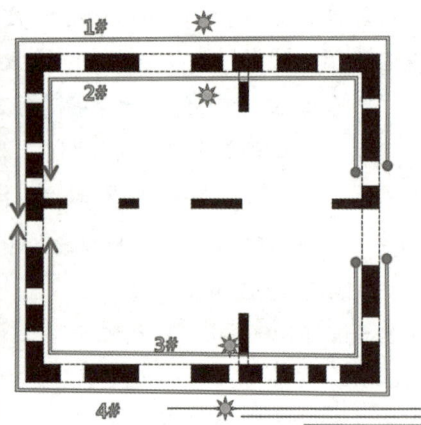

图5-25　焊接机器人路线

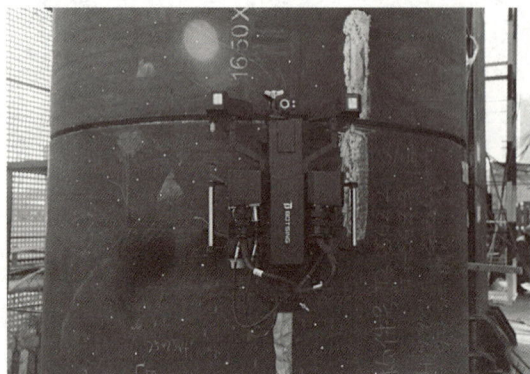

图5-26　圆管构件爬行定制机施焊

图5-27　焊接机器人机载激光自动识别、跟踪焊缝

图 5-28　爬行定制机自动连续施焊以及焊缝外观质量

本章小结

　　常见钢构件成型机械的类型、构造及其适用场合和作业要求；学习和理解钢构件智能化加工装备的技术特点、应用实例及发展趋势。

思考与习题

　　5-1 钢筋加工机械机械装备有哪些？

　　5-2 用于钢构件加工智能机械装备通常包括哪四个子系统？各自起到什么作用？

参考文献

[1]　陈裕成.建筑机械与设备.[M].北京：北京理工大学出版社，2014.

[2]　赵珂，刘学峰.小体积智能焊接机器人在钢结构工程中的应用研究.[J].城市建筑，2021（5）.

[3]　吕志珍.建筑钢结构行业智能机器人应用展望.[J].金属加工（热加工），2015（22）.

[4]　杨华勇.工程机械智能化进展与发展趋势[J].建设机械技术与管理，2018（2）.

[5]　许祖锋，姜友荣，汪勇东.钢结构智能化生产设备及 MES 执行系统应用技术[J].四川建筑，2021，41（s1）.

第 6 章

地面工序与墙面工序智能化施工机械与装备

本章要点 📖

1. 学习和理解地面工序施工智能装备的类型、构成及应用场合；
2. 学习和理解墙面工序施工智能装备的类型、构成及应用场合。

教学目标 🖥

1. 了解四轮激光地面整平机、履带抹平机、乳胶漆喷涂机器人、腻子喷涂机器人等地面与墙面工序智能施工装备，能掌握其适用场景与工作模式；

2. 能够在地面与墙面工序的施工过程中选择合适的机械与设备，能够了解各设备的技术性能参数并加以调整；

3. 了解地面与墙面工序智能施工装备的关键技术、构造组成和施工技术要求，能够理解其工作原理，并将其正确运用到地面与墙面工序的智能施工中。

案例引入 📄

施工机器人与专业工人大比拼

2023 年 6 月，在施工机器人与专业工人间开展了一场大比拼。深圳某写字楼项目应用"四轮激光地面整平机器人"进行地面整平。操作过程中机器人通过激光自动调整刮平和振捣机构确保地面平整度，激光扫平精度达 5 mm，施工效率为人工的 3~4 倍。机器人在工作人员远程监控下以最小对地压强实现无痕施工，四轮运动底盘系统机动灵活支持遥控操作自主运动，施工作业动力系统采用电驱电控平台实现节能环保、零碳排放的目标。

北京某小区项目应用"外墙自动喷涂机器人"喷枪出料均匀喷幅大小均匀，与传统人工相比施工时间优化 25%，效率为人工的 3.3 倍，每平方米节约人工成本 46%，且施工全程无人化、数据化减少高空作业人员以及用工风险。

北京某办公楼项目应用腻子打磨机器人，采用参数化打磨工艺打磨，质量稳定可靠，效率为人工的 2 倍，能长时间连续作业。机器人采用智能恒力控制精准激光测距，降低施工风险，自动化施工无需登高作业，节能减排绿色环保，可吸尘集尘，减少噪声。

思考问题 1：施工机器人如何实现复杂的施工操作？

思考问题 2：机器人施工如何确保适用性和精准度？

6.1 地面工序施工智能装备

6.1.1 四轮激光地面整平机

四轮激光地面整平机应用于混凝土摊铺后对混凝土振捣和整平，具备操作简单，平整度误差小，地面密实度均匀，施工效率高，体积小，灵活多变等优势，适用于住宅楼层、地库、厂房、机场、商场等需要混凝土整平施工场景。本节将详细介绍四轮激光地面整平机的主要特点及其应用要求，希望通过学习，为学生进一步深入理解装饰工程智能化施工机械装备的技术特点和应用方法奠定基础。

二维码 6-2
四轮激光地面整平机

6.1.1.1 四轮激光地面整平机的功能部件介绍

四轮激光地面整平机分为机身和整平头，机身的主要作用是驱动整机拖动整平头在摊铺好的混凝土面作业，整平头主要作用是对摊铺好的混凝土进行找平和振捣，其示意图见图 6-1。

图 6-1 四轮激光地面整平机示意图

四轮激光地面整平机机身主要由前轮转向系统、后轮驱动系统、电控系统、电源组成；整平头主要由激光找平系统、振捣系统组成。其附件有扫平仪和三脚架，主要是根据作业面高度调整扫平仪高度给激光找平系统提供作业基准。图 6-2 为功能部件图，图 6-3 为激光扫平仪。

使用时，扫平仪底部螺纹对准至三脚架顶端螺柱，顺时针转动梅花手柄将扫平仪与三脚架紧密连接；将三脚架放置于施工面附近障碍物较少处，根据三脚架上的水平泡调整三脚架姿态至水平。转动三脚架把手调节扫平仪高度至合适位置，高度需根据四轮激光整平机上激光接收器的安装高度调整，扫平仪发射的激光高度是基准面位置加接收器高度，调整完毕后锁紧把手。激光找平示意图 6-4。

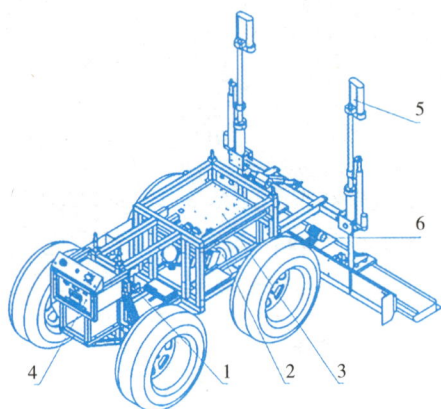

图 6-2 功能部件图

1—前轮转向系统；2—后轮驱动系统；3—电控系统；
4—电源；5—激光找平系统；6—振捣系统

（a）

LS303-2 3m升降三脚架

（b）

图 6-3 激光扫平仪

（a）扫平仪；（b）三脚架

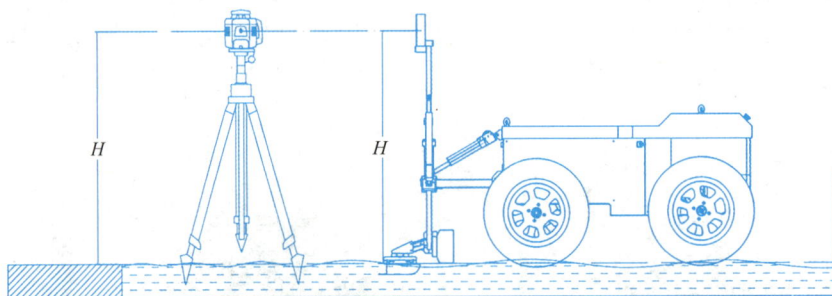

图 6-4 激光找平示意图

6.1.1.2 四轮激光地面整平机的主要性能参数

四轮激光地面整平机的典型性能参数如表 6-1 所示，可根据施工需求进行人工施工与机器人施工配合的合理安排。

四轮激光地面整平机的典型性能参数　　　　　　　　　　表 6-1

序号	项目	数值
1	产品类型	四轮激光地面整平机
2	整机最大尺寸	2400mm × 2000mm × 1500mm
3	重量	370kg
4	整平宽度	2m
5	激振力	1.8kN
6	驱动方式	电机驱动
7	控制方式	遥控
8	控制范围	200m
9	施工效率	400~600m²/h

续表

序号	项目	数值
10	施工速度	0~0.5m/s
11	连续工作时间	6h
12	额定功率	1775W

6.1.1.3 四轮激光地面整平机的应用场景

四轮激光地面整平机主要适用于厂房、体育场馆、停车场等大面积的场地整平工序。在传统的施工方法中，普通混凝土板面施工方法一般为人工找平，之后再用抹子机进行抹平。施工中需多次人工修正，反复测量、调整，耗时较长，质量控制难度较高，效率不高。四轮激光地面整平机的发明一定程度上减少了工人工作量，降低了工作强度，该机器人根据现代工业厂房、大型商场、货仓及其他大面积混凝土地面等地面强度、平整度、水平度等越来越高的需求而研制，采用激光摊铺机，实现混凝土地面精密找平，同时具备全自动导航功能及遥控功能，无须人员进入操作平面。四轮激光地面整平机施工现场与效果如图 6-5 所示。

图 6-5 四轮激光地面整平机施工现场与效果

6.1.1.4 四轮激光地面整平机的施工工艺流程

1. 准备工作：在施工现场，需要先准备好机器人和振动器等设备。同时，确定需要整平的混凝土表面的范围和高度差。

2. 安装机器人：将机器人放置在需要整平的混凝土表面上，并确保其稳定和安全。根据需要，可以使用支撑架或其他辅助设备来固定机器人。

3. 设置参数：使用控制单元设置机器人的振动频率、振幅和其他参数，以适应不同的混凝土表面和工作要求。

4. 开始施工：启动机器人，让它自动行走到需要平整的区域。振动器会开始工作，将混凝土表面振动并整平，直到达到所需的水平度。

5. 检查质量：在施工过程中，可以使用激光扫描仪等工具来检查混凝土表面的平整度和质量。如果需要，可以对机器人的参数进行调整，以优化施工效果。

6. 完成施工：当混凝土表面达到所需的水平度和质量时，停止机器人的工作并清理施工现场。此时，可以对机器人进行维护和保养，以便下次使用。

总之，混凝土整平机器人的施工工艺需要根据具体的工作要求和混凝土表面情况进行调整和优化，以获得最佳的施工效果和质量。

6.1.1.5　四轮激光地面整平机的运输与存储

整平机短距离转运可通过自身行走，长距离运输建议使用转运工装。首先，将转运工装的斜坡板放下，整平机遥控行驶至工装上对应位置，整体运输时整平头需在斜坡板另一侧。轮胎卡在对应位置后用棘轮绑扎带或其他绳子捆住对角两轮确保整平机与工装紧密连接。整平机进行吊装转运，准备 2~3 根吊带，将吊带从吊环孔穿过即可吊装。吊装过程应平稳缓慢，落地时不得快速着地致使整机大力撞击地面。吊装作业现场管理及操作流程参考《建筑施工安全技术统一规范》GB 50870—2013 中对吊装作业的规定制定。

设备存储必须在下列范围的环境条件：①储存温度：−10~60℃；②湿度：25%~90%。

机器存储地点应便于运输，便于充电、清洗，不妨碍其他工序施工作业；若在施工现场露天临时存放，需用雨布遮盖；若要长期存放，则需选择干燥、防潮的室内。

6.1.2　履带抹平机

履带抹平机器人应用于混凝土地面初凝后，对地面进行提浆、收面和压实等施工作业，回转机构采用伺服电机驱动实现大范围摆臂作业，通过人机友好交互，抹盘自调平机构，进一步确保高精度施工，适用于住宅楼层、地库、厂房、机场、商场等需要混凝土抹平施工场景，采用履带驱动行走，可大大提高活动范围。

二维码 6-3
履带式抹平机器人

6.1.2.1　履带抹平机的功能部件介绍

履带抹平机由磨盘、摆臂、履带、电控柜组成，如图 6-6 所示。电控柜上有开关旋钮、急停按钮和三色提示灯。开关旋钮控制整体机器的上下电；急停按钮控制强电输出给外围模块，主要给电机上下电；三色提示灯分别为绿色运行灯、黄色配置灯和红色告警灯。

6.1.2.2　履带抹平机的主要性能参数

履带抹平机的典型性能参数如表 6-2 所示，可根据施工需求进行人工施工与机器人施工配合的合理安排。

图 6-6 履带抹平机

履带抹平机的典型性能参数   表 6-2

序号	项目	数值
1	产品类型	履带抹平机
2	质量	300kg
3	回转直径	880mm
4	抹盘转速	0~150r/min
5	整机尺寸	2200mm × 880mm × 850mm
6	驱动方式	电机驱动
7	控制方式	遥控或者自主导航
8	控制范围	200m
9	施工效率	200~400m²/h
10	施工速度	0~0.75m/s
11	连续工作时间	4h
12	摆臂最大角度	220°
13	额定功率	4000W

6.1.2.3 履带抹平机的应用场景

履带抹平机适用于大面积楼层住宅楼面的高精度地面施工。其广泛应用于大型工业厂房、车间、自动化立体仓库；电子电器、食品材料、医药等洁净厂房；大型仓储式超市、物流中心、会展中心；框架结构大面积楼层、楼面、双层双向钢筋网现浇板；码头集装箱堆场、货场堆场；机场跑道、停机坪、停车场；广场、住宅楼面、市政路面、高速服务区；体育场、运动跑道等建设项目。履带抹平机的使用可使得平整度误差更小，裂纹减少，地面更加密实均匀。相对于传统人工，其施工效率提升 30% 以上。履带抹平机的自主遥控系统，可实现远距离平稳、精确操控，自动化程度高、工人的劳动强度降低。履带抹平机施工现场与效果如图 6-7 所示。

图 6-7　履带抹平机施工现场与效果

6.1.2.4　履带抹平机的运输与存储

履带抹平机转运可通过转运工装进行，将转运工装的斜坡板放下，抹平机遥控行驶至工装上对应位置，整体运输时抹平头需放置在无斜坡板的另外一侧。抹平机进行吊装转运，准备 2~3 根吊带，将吊带从吊环孔穿过即可吊装。吊装过程应平稳缓慢，落地时不得快速着地致使整机大力撞击地面。吊装作业现场管理及操作流程参考《建筑施工安全技术统一规范》GB 50870—2013 中对吊装作业的规定制定。

履带抹平机的存储必须在下列范围的环境条件：①储存温度：–10~60℃；②湿度：25%~90%。

机器存储地点应便于运输，便于充电、清洗，不妨碍其他工序施工作业；若在施工现场露天临时存放，需用雨布遮盖；若要长期存放，则需选择干燥、防潮的室内。

二维码 6-4
四盘抹光机

6.1.3　四盘抹光机

四盘抹光机适用于地库、厂房、机场、商城等需大面积混凝土收面工作的应用场景，通过抹盘/抹刀与混凝土地面的摩擦力来实现移动与抹光，通过人机友好交互，使用手持遥控设备进行远程操作。相对于传统人工，四盘抹光机能够使得完成面表面密实度、耐磨度、质量稳定性、光整度更好，施工效率提升 30% 以上。四盘抹光机如图 6-8 所示。

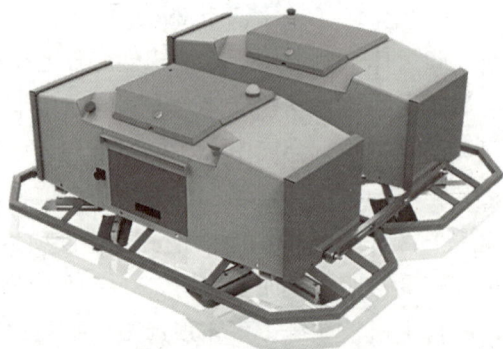

6.1.3.1　四盘抹光机的功能部件介绍

四盘抹光机分为主动机和从动机，主动机的主要作用是驱动整机（即拖动从动机）

图 6-8　四盘抹光机示意图

在混凝土工作面运动；从动机也称工作机，主要作用是对混凝土地面进行施工；主动机主要由机架、防护框、抹刀驱动系统、姿态调整系统、控制系统、电池系统等组成；从动机主要由机架、防护框、抹刀驱动系统、姿态调整系统等组成；主动机的工作原理是通过调整抹刀相对地面角度变化，来控制机器的运动形式（前进后退、侧移、旋转等）。图 6-9 为四盘抹光机功能部件图。

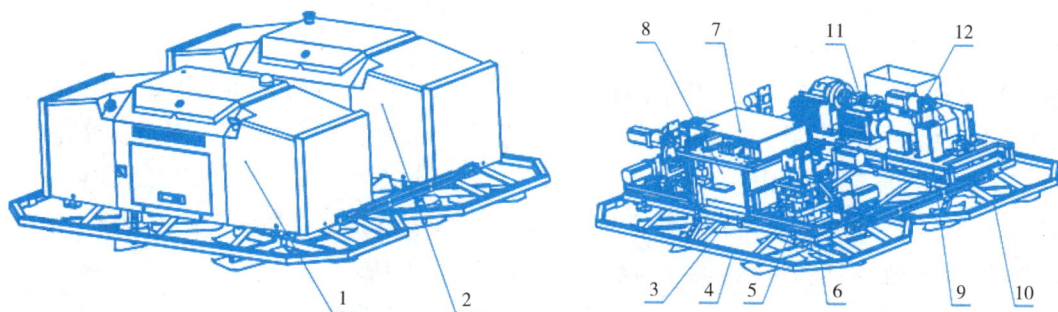

图 6-9　四盘抹光机功能部件图

1—主动机；2—从动机；3—主动机机架；4—主动机防护框；5—主动机抹刀驱动系统；6—主动机姿态调整系统；7—控制系统；8—电池系统；9—从动机机架；10—从动机防护框；11—从动机抹刀驱动系统；12—从动机姿态调整系统

6.1.3.2　四盘抹光机的主要性能参数

四盘抹光机的典型性能参数如表 6-3 所示，可根据施工需求进行人工施工与机器人施工配合的合理安排。

四盘抹光机的典型性能参数　　　　表 6-3

序号	项目	数值
1	产品类型	四盘抹光机
2	质量	260kg
3	抹刀回转直径	770mm
4	抹盘转速	0~130r/min
5	驱动方式	电机驱动
6	控制方式	遥控或者自主导航
7	控制范围	200m
8	施工效率	300~500m²/h
9	施工速度	0~0.75m/s
10	连续工作时间	3h
11	额定功率	5520W

6.1.3.3 四盘抹光机的应用场景

混凝土初凝后需进行抹光处理，以提高混凝土表面的密实度、耐磨性，伴随着混凝土硬化过程的持续推进，同一作业面需间隔性抹光三遍左右，传统大面积混凝土抹光作业主要由工人采用手扶式抹光机进行作业，施工环境差，劳动强度大，噪声污染严重。因此，四盘抹光机应运而生。四盘抹光机基于传统人工手扶式抹光机作业工艺，通过远程遥控或路径自动规划实现智能化施工作业。通过遥控器上的控制杆，机器人可实现前进、后退、向左平移、向右平移、原地顺时针或逆时针等功能。遥控器设置有调节旋钮，可调节机器人移动速度、抹刀或抹盘旋转速度，提升抹光质量和观感效果。四盘抹光机还可以以自动作业模式运行，作业时仅需记录作业面四个边角点位即可完成作业面的路径规划。操作人员启动按钮，机器人根据事先规划好的路径进行全自动、精准抹光作业，混凝土表面更加密实、耐磨。四盘抹光机采用锂电池续航，施工作业更环保且作业效率更高，可适用于地库、标准厂房、广场、商城等框架式楼房等建筑需大面积混凝土收面工作的地坪施工。四盘抹光机施工场景与效果如图6-10所示。

图 6-10 四盘抹光机施工现场与效果

6.1.3.4 四盘抹光机的运输与存储

四盘抹光机短距离转运和长距离运输均通过移动转运工装（四盘抹光机拆分运输）。首先，将四根型材穿过抹光机固定孔；其次，将抹光机放置在转运工装上；最后，安装固定销，如图6-11所示。长距离运输需用绑带扎紧。

四盘抹光机主动机与从动机分别进行吊装转运，主动机与从动机均已配置固定孔，准备2根吊带，将吊带从固定孔穿过即可吊装；降

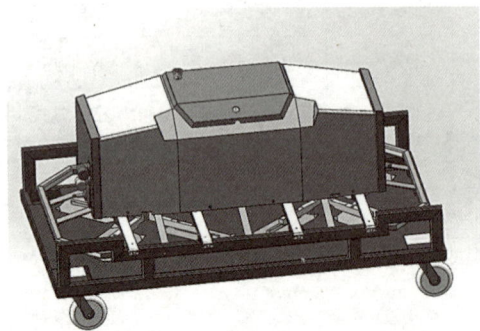

图 6-11 四盘抹光机转运示意图

落着地过程应平稳缓慢，不得快速着地致使抹刀组件大力撞击地面。吊装作业现场管理及操作流程参考《建筑施工安全技术统一规范》GB 50870—2013中对吊装作业的规定制定。

抹光机存储必须在下列范围的环境条件：①储存温度：−10~60℃；②湿度：25%~90%；

机器存储地点应便于运输，便于充电、清洗，不妨碍其他工序施工作业；若在施工现场露天临时存放，需用雨布遮盖；若要长期存放，则需选择干燥、防潮的室内。

6.1.4　地面工序机器人的一般施工流程

6.1.4.1　机器人设备进场前施工现场准备工作

1）根据整平机器人的整平效率及周期，结合现场的实际情况，排布现场施工作业时间和作业路线。

2）地坪建筑1m线引设到位。

3）地坪抓毛处理到位。

4）工程施工前，安装管线施工完成等，尤其涉及地面走管。

5）集水井盖板边框加工完成，角钢底缝隙采用砂浆封堵。

6）基层顶板干燥、坚实平整、无开裂、空鼓、孔洞、松动等现象，并验收合格，开具隐蔽验收单，具备地坪施工条件。

7）对内墙涂料、设备管线等保护措施到位，主要采取遮挡、包裹措施，避免地坪施工期间造成二次污染。

8）照明布置到位，光线满足施工要求。

9）现场布置220V充电接口。测量人员在墙面弹出地面顶标高线，整平机器人平整不到位的特殊位置由人工负责平整，同时在结构伸缩缝等空挡处铺好木板等，以便机器人合理规划施工路径，安全快速地进行地面混凝土抹平施工。

10）根据抹平机器人效率及周期，结合现场的实际情况，排布现场施工作业时间和作业路线，在施工点位附近做好施工工具（激光超平仪、经纬仪、水准仪、放线工具、托线板、靠尺、探针、钢尺等）和所需相应的水、电、消防各项准备工作，确认好作业路径后即可进行施工。

11）混凝土整平、振实后，静停4h左右（视气温、混凝土坍落度等具体情况而定），使混凝土处在临界初凝期，其判定方法是：脚踩到上面有脚印下沉5mm。

12）在抹平机器人施工前，准备一处样板施工场地，进行样板施工，根据施工图纸设计的要求，鉴定样板施工的标准和质量，记录好相关的机器人设置参数以及材料参数等，再根据施工样板的标准进行大面积施工。

随后，机器人会进场准备。在机器人设备进场前，为保障设备的安全进场，施工方先向项目部进行进场报备，在项目部的施工机械设备进场报验流程走完后，设备进场。

另外，需要提前确认垂直运输的方式，安排好所需要的吊装运输设备，如塔式起重机、汽车吊、叉车等，从而确认机器人设备安全、快速地到达施工点位。

确保机器人行走路线无障碍物和大的台阶凸起，如有，提前布设模板即可。履带抹平机转运可通过转运工装进行转运，将转运工装的斜坡板放下，抹平机遥控行驶至工装上对应位置，整体运输时抹平头需放置在无斜坡板的另外一头。

6.1.4.2　现场的技术人员准备工作

1）认真做好熟悉图纸和图纸会审工作，由技术部门组织相关人员集中解决图纸不明确的地方及某些细部的做法。

2）编制好材料需用计划和进场计划，并做好材料检验、试验计划。

3）地坪正式施工前，由技术部门组织相关人员进行技术交底，明确相关分项工程质量、工期、文明施工要求。在施工过程中对方案、交底的实施情况进行检查。

6.1.4.3　材料的准备

1）混凝土一般采用商品混凝土。商品混凝土的拌合根据设计的配合比拌制，落度要严格控制。由混凝土罐车运至厂房内，将混凝土自卸入模，出料及铺筑时卸料高度必须控制在 1.5m 以内，以免产生离析，若发现离析，应重新搅拌。

2）使用的材料、成品、半成品等按照材料的质量标准要求，都要具备材料合格证书并进行现场抽样复试检测，并有复试检测报告。

3）耐磨材料和养护剂应在混凝土浇筑前到达现场并堆放整齐。

除此之外，还需要将施工所需的工具准备齐全。施工所需的工具有激光超平仪、经纬仪、水准仪、放线工具、托线板、靠尺、探针、钢尺、激光水平仪、经纬仪、水准仪、放线工具、托线板、靠尺、探针、钢尺、槽钢、刮杠及其他小型工具等。

完整的地坪施工离不开机器人与人工的灵活协作，一般存在机器人自动巡航抹平施工、人工远程遥控抹平施工、人工抹平施工共三种情况。

6.1.4.4　机器人自动巡航抹平施工

抹平机器人具有固定路径自动运行功能。操作人员只需在触摸屏上设置到巡航模式。在此模式下，地面抹平机会根据软件预设的轨迹来行走、直行、转弯，从而完成对地面的抹平作业，操作人员无须进行人工操作。固定路径是开发人员预设到软件程序中的，如图 6-12 所示为其中一种固定巡航路径示例。

6.1.4.5　人工远程遥控抹平施工

抹平机器人可由操作人员通过航模控制器下指令来实现抹平施工，这也是施工过程中较

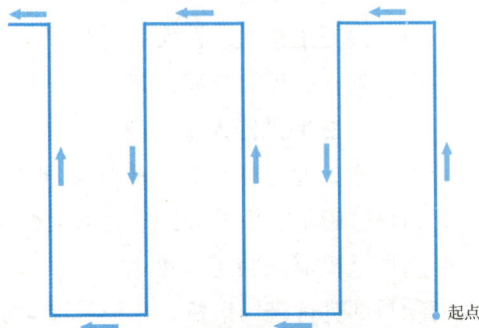

图 6-12　抹平机器人固定巡航路径示例

为常用的使用场景，操作人员通过操作控制器上的按钮，来控制抹平机前进后退、左右侧移。如图 6-13 所示为操作人员使用控制器遥控抹平机器人施工的场景。

图 6-13　遥控器遥控抹平机器人

6.1.4.6　人工抹平施工

实际施工过程中，在墙、柱边角和设备基座等区域，抹平机器人无法深入或需对现有成品部件进行保护、避让，需要人工进行更精细的抹平提浆施工，但人工施工时应确保边角处的地坪平直、无污染、压实均匀，接槎处平顺过渡，处理得当，与大面平整度一致。

6.2　墙面工序施工智能装备

6.2.1　乳胶漆喷涂机器人

内墙喷涂作为建筑室内装修中工作量比较大的一个环节，其质量直接影响到以后墙面的平整美观度。目前室内喷涂的工艺主要是人工手动实现。根据内墙涂料施工市场需求量大、人工作业效率低、人工成本高、喷涂质量要求高、重复操作性强的特点，适合实现作业设备智能化。因此，研发了乳胶漆喷涂机器人代替人工作业。

乳胶漆喷涂机器人是一款针对建筑内墙面乳胶漆喷涂的自动化设备，代替人工作业，既可以节省大量的劳动力，提高施工效率，降低生产成本，提高乳胶漆施工质量，同时也可避免涂料对工人健康的危害。乳胶漆喷涂机器人示意见图 6-14。

6.2.1.1　乳胶漆喷涂机器人的功能部件介绍

乳胶漆喷涂机器人分为以下 5 个单元：

1. 驱动行走单元：由一组驱动电机与三个万向支撑轮组成。

2. 机械臂单元：由机械臂与升降模组组成，提高了机械臂的自由度与喷涂的工作范围。

3. 喷嘴雾化单元：由空压机往管子里供料加压，然后由机构打开喷枪，水性漆，通过喷嘴喷出达到雾化的效果。

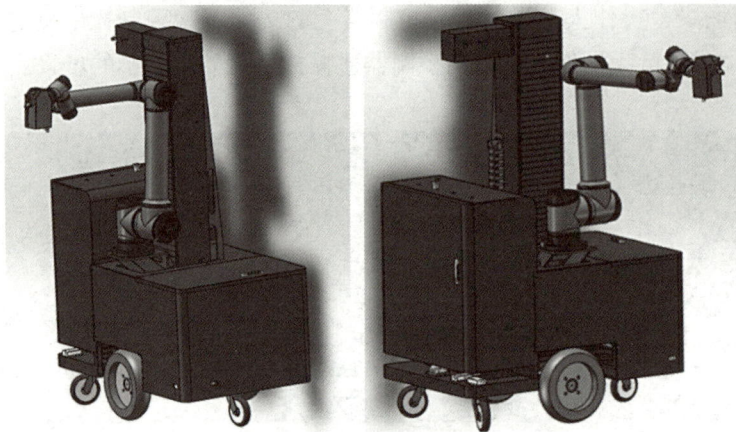

图6-14　乳胶漆喷涂机器人示意图

4. 激光雷达导航单元：雷达测距，激光测距，联合实现全自动定位功能。

5. App控制单元：整个喷涂机器人的控制由平板上的App控制。

6.2.1.2　乳胶漆喷涂机器人的主要性能参数

乳胶漆喷涂机器人的典型性能如表6-4所示，可根据施工需求进行人工施工与机器人施工配合的合理安排。

乳胶漆喷涂机器人的典型性能　　　　　　　　　　　　表6-4

序号	项目	数值
1	产品类型	乳胶漆喷涂机器人
2	质量	400kg
3	最大喷涂高度	3.2m
4	最大越障高度	30mm
5	料筒容量	36L
6	最大爬坡角度	6°
7	最大越沟宽度	50mm
8	施工效率	200~400m²/h
9	续航时间	8h
10	加料时间	10min
11	清洗时间	20min

6.2.1.3　乳胶漆喷涂机器人的应用场景

乳胶漆喷涂机器人可应用于墙面、天花板、地坪等区域的自主喷涂设备。通过对作业空间的重构和定位，以及精准的运动控制系统，实现高效率、高质量地喷涂。乳胶漆喷涂机器人喷涂均匀，漆膜厚度可控，一次性作业完成，色差小；可24h作业，效率高；通过平板电脑实现远程精确操控，可通过狭窄过道；能够摆脱恶劣环境，实现无人化作业，解放劳动力，杜绝工人职业病。乳胶漆喷涂机器人的施工现场与效果如图 6-15 所示。

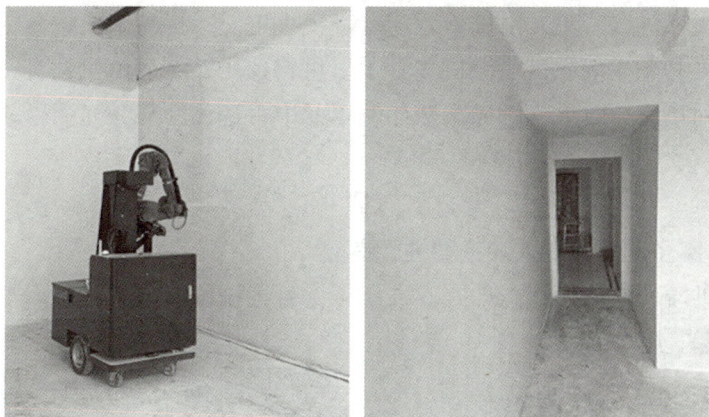

图 6-15 乳胶漆喷涂机器人施工现场与效果

6.2.1.4 乳胶漆喷涂机器人的运输与存储

乳胶漆喷涂机器人在平整路面或相对平整路面，可遥控设备自行移动。在路面不平、路况较差的情况下进行运输，需叉车等运输工具来进行转运。上下坡时，坡度小于 6°可遥控设备自行移动，否则需要叉车等运输工具来进行转运。

乳胶漆喷涂机器人储存时应注意：

1）设备长期存放，需要良好的贮存条件，库房应清洁干燥，通风良好，周围不得都腐蚀性气体，相对湿度不大于 80%，存储温度 0~40℃。

2）电池需两个月充放电一次，一个月未使用应连续充电 24h，再维持在 60% 以上电量保存。

6.2.2 腻子喷涂机器人

二维码 6-5
腻子喷涂机器人

随着现代喷涂工艺的不断发展和完善，对喷涂机技术的改革也时刻进行着，而今自动化工业生产的要求逐渐提高，安全生产、环保生产等原则的不断贯彻，喷涂机器人的出现就成了必然，而这种高科技的喷涂设备也能很好地迎合这些要求。

腻子喷涂机器人是可进行自动喷漆或喷涂其他涂料的工业机器人。腻子喷涂机器人主要由机器人本体、计算机和相应的控制系统组成，多采用 5 或 6 自由度关节式结构，手臂有较大的运动空间，并可做复杂的轨迹运动，其腕部一般有 2~3 个自由度，可灵活运动。与普通人工喷涂相比，喷涂机器人喷涂品质更高，喷涂节约喷漆和喷剂，喷涂具有更高的灵活性，更加有效率，可实现全自动自主喷涂，最大程度上节省人工。腻子喷涂机器人示意见图 6-16。

图 6-16 腻子喷涂机器人示意图

133

6.2.2.1 腻子喷涂机器人的功能部件介绍

腻子喷涂机器人由驱动行走单元、机械臂单元、喷嘴雾化单元、激光雷达导航单元和 App 控制单元组成。其中，驱动行走单元负责驱动机器人，其由两组驱动电机与两个万向支称轮组成。机械臂单元由机械臂与升降模组组成，提高了机械臂的自由度与喷涂的工作范围。喷嘴雾化单元由喷涂机往管子里供料加压，然后由机构打开喷枪，腻子通过喷嘴喷出达到喷涂的效果。激光雷达导航单元中雷达测距与激光测距联合实现全自动定位功能。

6.2.2.2 腻子喷涂机器人的主要性能参数

腻子喷涂机器人的典型性能如表 6-5 所示，可根据施工需求进行人工施工与机器人施工配合的合理安排。

腻子喷涂机器人的典型性能 表 6-5

序号	项目	数值
1	产品类型	腻子喷涂机器人
2	质量	700kg
3	最大喷涂高度	4.6m
4	最大越障高度	30mm
5	料筒容量	60L
6	最大爬坡角度	6°
7	最大越沟宽度	50mm
8	施工效率	200~400m²/h
9	续航时间	5h
10	加料时间	10min
11	清洗时间	20min

6.2.2.3 腻子喷涂机器人的应用场景

腻子喷涂机器人用于住宅室内墙面、阴阳角、飘窗的全自动喷涂。其显著特点是高续航、高效率和高质量，该机器人具备喷涂路径规划算法，可保障机器人在不需要人工跟踪的情况下，自动按规划路径行驶并完成室内喷涂作业，运行模式有手动和自动操作两种模式，具有远程停止作业功能。另外，还具备电池状态、物料重量和喷涂压力实时监测功能。

6.2.2.4 腻子喷涂机器人的运输与存储

1）在平整路面或相对平整路面，可遥控设备自行移动。

2）在路面不平、路况较差的情况下进行运输，需叉车等运输工具来进行转运。

3）上下坡时，坡度小于6°，可遥控设备自行移动，否则需要叉车等运输工具来进行转运。

4）设备长期存放，需要良好的贮存条件，库房应清洁干燥，通风良好，周围不得都腐蚀性气体；相对湿度不大于80%，存储温度0~40℃。

5）电池需两个月充放电一次，一个月未使用应连续充电24h，再维持在60%以上电量保存。

6.2.3　墙面打磨机器人

对于混凝土内墙面打磨施工，目前主要依赖多名工人手动操控手持式电镐机进行作业，在室内墙面打磨剔凿过程中，工人通常需要在恶劣的环境中高强度工作，对工人健康伤害很大且施工质量与效率较低。因此，一种能够高质量、高效率、低成本施工的智能化解决方案成为市场的迫切需求。墙面打磨机器人用于住宅室内墙面等全自动打磨施工，可根据规划路径自动行驶并完成打磨作业。墙面打磨机器人示意如图6-17所示。

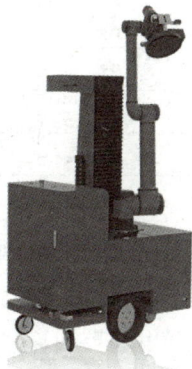

图 6-17　墙面打磨机器人示意图

6.2.3.1　墙面打磨机器人的功能部件介绍

墙面打磨机器人分为以下6个单元：

1）驱动行走单元：2个驱动轮提供机器人前进或转弯的动力，3个万向轮提供机器人的支撑；

2）模组升降单元：增加机器人打磨高度；

3）机械臂单元：控制打磨头的姿态调整和打磨轨迹运行；

4）打磨单元：实现墙面打磨；

5）激光雷达导航单元：实现机器人导航定位，并自动作业；

6）App控制单元：连接机器人，查看机器人的各个参数，配置工作参数和控制机器人工作。

6.2.3.2　墙面打磨机器人的主要性能参数

墙面打磨机器人的典型性能如表6-6所示，可根据施工需求进行人工施工与机器人施工配合的合理安排。

墙面打磨机器人的典型性能　　　　　　　　　　　　　　　表6-6

序号	项目	数值
1	产品类型	墙面打磨机器人
2	质量	390kg
3	最大喷涂高度	2.9m

序号	项目	数值
4	最大越障高度	30mm
5	料筒容量	8L
6	最大爬坡角度	6°
7	最大越沟宽度	50mm
8	施工效率	50~150m²/h
9	续航时间	8h
10	加料时间	10min
11	清洗时间	20min

6.2.3.3 墙面打磨机器人的应用场景

墙面打磨机器人是应用于腻子墙面、乳胶漆墙面等多种材质的打磨设备。通过自主开发的控制算法和执行机构，可保证墙面打磨效果均匀，同时在作业过程中具备避障导航、安全急停控制、设备边界搜索、自动定位及遍历边界行驶等功能。远程遥控或自主控制作业，可实现高效地无人化施工；吸尘功能，可保证作业环境干净、整洁。墙面打磨机器人打磨均匀，腻子层光滑、平整、细腻，完美修正小瑕疵，可24h作业，效率高，可利用平板电脑实现远程精确操控，屋顶、墙角、接缝处作业无死角，无粉尘、无人化作业，安全可靠。墙面打磨机器人施工现场与效果如图6-18所示。

图6-18　墙面打磨机器人施工现场与效果

6.2.3.4 墙面打磨机器人的运输与存储

1. 运输注意事项

1）在平整路面或相对平整路面，可遥控设备自行移动；

2）在路面不平、路况较差的情况下进行运输，需叉车等运输工具来进行转运；

3）上下坡时，坡度小于6°，可遥控设备自行移动，否则需要叉车等运输工具来进行转运。

2. 存放注意事项

1）设备长期存放，需要良好的贮存条件，库房应清洁干燥，通风良好，周围不得有腐蚀性气体，相对湿度不大于 80%，存储温度 0~40℃。

2）电池需两个月重放电一次，一个月未使用应连续充电 24h，再维持在 60% 以上电量保存。

6.2.4 墙面工序机器人的一般施工流程

6.2.4.1 施工流程

基层验收（工序交接检）→基层处理→喷涂腻子→打磨找平→场地清扫→喷涂专用抗碱底漆→喷涂第一遍涂料→喷涂第二遍涂料→验收。

6.2.4.2 施工方法

1. 基层验收（工序交接检）

基层验收时表面要保持平整洁净，无浮砂、油污，表面凹凸太大的部位要先剔平砂浆补齐，脚手架眼要先堵塞严密并抹平。

2. 基层处理

将墙面上的灰渣等杂物清理干净，将墙面浮土等扫净；对不平整的部位剔凿整平，使用石膏将坑洼、缝隙处刮平；对混凝土表面的水泥棱进行打磨。

3. 喷涂柔性耐水腻子

腻子总体找平，柔性耐水腻子喷涂需喷涂 2~3 遍，当基层的平整度符合要求时，满喷腻子使基层平整度基本达标。每次喷涂腻子的厚度不宜超过 0.5mm、间隔 5h，待第一层腻子基本干燥人工打磨完成后，再进行第二遍喷涂，控制腻子总厚度不宜超过 1.0mm。

4. 打磨找平

第一遍腻子层干燥后即进行砂磨，干燥时间不能太长，腻子层干硬，将很难砂磨（浪费机器和砂纸）。

5. 养护

施工完毕后，须用水养护，每次养护时需用水湿透腻子层，以保护腻子层充分的水化强度。

6. 场地清扫

打磨墙面完成后对施工场地进行清扫工作，清除建筑垃圾，防止后续工作产生较大的扬尘浮灰。

7. 喷涂专用抗碱底漆

采用喷涂施工，喷涂一遍。要求喷涂速度均匀，来回喷涂道数一致，厚薄要一致。

8. 喷涂第一、二遍涂料

专用抗碱底漆干燥后，方可喷涂乳胶漆。

9. 喷涂机器人参数设置

喷枪压力控制在 15~25MPa，喷嘴距离作业面 500mm 为宜，喷涂幅宽可进行调整 600m 为宜，搭接 1/2 的幅宽。

10. 喷涂乳胶漆前

应将乳胶漆搅拌均匀，装在机器人专用的料筒内，料筒容量为 60L，准备喷涂，根据实际使用情况确定加料的时间。

11. 喷涂乳胶漆时

应控制黏度、空气气压、喷口大小、"枪嘴"与作业面距离等保持一致，枪距控制在 600mm 为宜。

6.2.4.3 腻子、涂料搅拌

1. 腻子搅拌

准备干净的容器，腻子粉和水按照一定的比例进行搅拌（配比值需要根据腻子实际情况进行黏稠度标定，配比值并不固定），先倒入称量好的水，再倒入相应的腻子粉，使用搅拌机搅拌均匀，确保无粉末粘结于容器壁和底部，静止 5min 后，继续搅拌确认容器内无沉淀、无结块后，倒入专用的研磨机进行过筛研磨处理，处理结束方可使用。

2. 涂料搅拌

打开涂料桶，根据面漆配比分别计算漆水重量，注意需去除桶净重，且称重前需将秤归零、称重时读数需稳定 5s 以上。使用搅拌机搅拌涂料 2min 以上，搅拌后需要人工对倒 4 次以上以充分搅拌均匀，每个批次的涂料要使用黏度杯测试涂料的黏度，以确保涂料黏度一致性，最后将混合好的涂料加入机器人的料桶中。加料完成后，对空桶内进行试喷作业，喷至涂料或者腻子黏稠度稳定后再进行正常施工作业。

6.2.4.4 施工安全要求

1. 一般施工安全要求

1）材料堆放要求

（1）库房、堆放场地设置，根据现场布置图，及项目部安排进行存放，悬挂警防火标志。

（2）库房、堆放场地内均设通道，四周通风。

（3）露天堆放应设置围栏，高约 1.5m，四周设钢管支撑，在 0.6m、1.2m、1.8m 高处设水平栏杆，无关人员不得进入各库房、堆放场地。

2）施工前查看施工环境

（1）在机器人施工前，对作业场地进行查看，临边围护、施工安全警戒线是否放置到位。

（2）现场是否存在明显障碍物或垃圾等。

3）作业人员安全要求

（1）跟随机器人施工作业人员，施工前需认真阅读机器人操作手册，了解机器人安全操作相关步骤，熟悉机器人安全急停按钮，能够在突发情况下停止机器人作业。

（2）在机器人施工过程中，作业人员应和机器人保持 2.5m 以上安全距离，特别不可过于靠近机械臂作业范围，以防有碰撞风险。

2. 机器人施工安全要求

1）环境安全：机器人不能在爆发性强的环境、含腐蚀性化学物质的地方以及扬尘过多的环境下使用，否则会对机器人的激光测距、传感器等精密零部件产生损坏。

2）操作安全：机器人需要在平整的场地进行作业、移动，勿将机器人行驶至颠簸不平、坡度大于 10° 的路面和坡面，以防倾覆危险；操作人员在机器人作业时不得靠近作业范围防止碰撞危险；在维修和加料等操作时，务必确认机器人停止，防止夹伤危险。

本章小结

建筑施工过程中的地面与墙面工序繁多、耗时长、劳动力需求量大，地面工序智能施工装备与墙面工序智能施工装备应运而生。本章主要介绍地面与墙面工序智能施工装备的主要类型及其基本工作原理，施工组织者通过了解相关设备的主要功能和技术性能参数以选取合适的智能施工装备，从而有效提高地面和墙面工序的施工效率。

通过本章内容的学习，使学生了解四盘激光地面整平机、履带抹平机、乳胶漆喷涂机器人、腻子喷涂机器人等地面与墙面工序智能施工装备，能掌握其适用场景与工作模式，能够在地面与墙面工序的施工过程中选择合适的机械与设备，能够了解各设备的技术性能参数并加以调整；使学生了解地面与墙面工序智能施工装备的关键技术、构造组成和施工技术要求，能够理解其工作原理，并将其正确运用到地面与墙面工序的智能施工中。

思考与习题

6-1 常见的地面和墙面工序机器人有哪些？

6-2 采用履带行驶有哪些好处？

6-3 抹光机器人适用于怎样的施工阶段？

参考文献

[1]　谢宝康. 关于建筑装饰工程的智能化发展的思考 [J]. 建筑与装饰，2019（16）：2.

[2]　孙慧娟. 建筑装饰装修施工管理中智能化的应用 [J]. 房地产导刊，2019（14）.

[3]　吕广明. 工程机械智能化技术 [M]. 北京：中国电力出版社，2007.

[4]　陈裕成. 建筑机械与设备 [M]. 北京：北京理工大学出版社，2014.

[5]　张洪. 现代施工工程机械 [M]. 北京：机械工业出版社，2017.

第 **7** 章

施工现场监管智能化装备

本章要点 📖

1. 学习和理解施工现场监管的主要目的、主要内容及现有监管措施；
2. 学习和理解施工现场监管智能化装备的技术特点、应用实例及发展趋势。

教学目标 📋

1. 学习和了解施工安全监管和质量监控的主要内容与现有措施，能够分析现有监管工作中存在的问题和风险隐患，明确智能化监管装备的技术需求；
2. 学习和理解智能化巡检机器人和无人机的工作原理，熟悉智能化巡检机器人和无人机的工作流程，并将其正确运用到智能建造过程的施工现场监管中。

案例引入 📄

"无人机"智能巡检助力园区工程施工高效监管

2023 年 6 月，湖南某园区一期工程建设面积大约在 160 万 m^2，由于工程体量较大，人员多、进场设备复杂，采用传统的施工监管难以有效保障施工井然有序的推进，容易导致人员管理困难和混乱，从而可能耽误整体工期。由于工地范围较大，传统的人工监管手段很难做到细致入微的防控监测，因此采用无人机工地巡检解决方案就可以有效帮助工地负责人提高监管效率。

在无人机进行工地巡检时，会将实时获得的工地现场画面传回无人机管控平台。通过无人机管控平台，工地管理人员可以直接观看巡检画面，及时了解工地情况，从而提高工地的安全性。巡检无人机可以在巡逻过程中有效地识别人员状态，并通过喊话器对人员进行管理。例如，是否佩戴安全帽，是否有闲杂人员进入高危区域等。巡检无人机搭载的高清相机可以监控工程整体的进展情况。工地管理人员能够及时获得工程的实时信息，确保施工的顺利进展。利用巡检无人机搭载的红外热像仪对工地的特定位置进行温度检测，可以检测一些肉眼不易察觉的位置，如混凝土底板的裂缝和渗漏点等。工地巡检无人机能够及时发现工地和园区存在的问题，并通知相关人员解决。

无人机可以结合各类搭载设备，使工地智能化巡检变得更规范化与全面化，有效地帮助施工管理人员提高监管效率，提高工程的整体施工质量，保障工人们的安全，让施工现场监管更完善。

思考问题 1：无人机施工现场监管中能实现哪些作用？

思考问题 2：无人机能够搭载哪些设备进行施工监管？

二维码 7-2
"无人机"施工现场巡检
作业视频

7.1　施工安全监管与质量监控的主要内容

近年来，随着我国经济快速发展和城市化的不断推进，建筑业产值持续增加，建筑市场主体数量大幅增长，从业人数显著增加，市场规模不断扩大，已经成为国民经济的支柱产业之一。建筑行业是典型的高风险行业，从业人员众多、流动性较强，露天工程量大，交叉施工情形多，施工风险系数高，不安全因素多，预防难度高，因此在施工过程中安全事故风险较高，不仅给国家、集体和公民的财产造成巨大损失，而且给人们的生产生活造成严重的伤害，对社会和谐稳定及建筑业健康发展不利。

建筑工地施工监管的主要目的是确保建筑工程的安全、质量和合规性。它涵盖了安全监管、质量监管、进度监管、环境监管和法律合规监管等多个方面，以预防事故风险、提升工程质量、保护环境和公众利益为核心。通过全面监管和有效执行，建筑工地可以遵守相关规定和标准，减少安全隐患，保证工程质量，保护环境，促进建筑产业的健康发展。

本节将详细介绍施工监管和施工质量监控的主要内容与现有措施，为学生理解现有监管工作中存在的问题和风险隐患，进一步深入理解施工现场监管智能化机械装备的技术特点、应用方法奠定基础。

7.1.1　施工安全监管的主要内容与现有措施

施工安全监管在施工监管中发挥着重要的作用。首先，安全是施工过程中最基本的要求和关注点。安全监管能够确保工地安全设施的建设和使用，对工人的操作进行安全监管与评判，对可能导致安全事故的操作隐患进行及时预警，保障现场施工人员与施工场所周边公众的人身安全。其次，安全监管对于提高施工质量具有重要意义。通过合理的安全管理，可以培养工人的安全意识和责任意识，促使他们按照相关要求进行施工，避免疏忽大意和质量不合格的情况发生。安全规范的执行有助于减少施工中的错误和缺陷，提高施工质量和工程可靠性。

7.1.1.1　建筑施工的特点

1）流动性。进城务工人员作为建筑工人的主体，会在一个项目甚至一道工序完成后，施工班组或队伍就转移到其他的施工场地去，人员流动性较大；对于工人来说，不但要随着工程、工序辗转，而且要跟随季节性特点进行流动。

2）复杂性。建筑工程往往分为多道工序，既有主体工程也有附属工程，完成工程建设还需要很多辅助设施和工具，比如满足防护要求，需要搭设脚手架、挂设安全网；满足混凝土浇筑要求，需要搭设模板支架及钢筋绑扎；高层建筑运送相关材料和人员需要大型设备。工序复杂，从基础到主体结构再到配套附属设施施工，交叉作业情形常见，增加了其复杂程度。多数项目还涉及基坑工程，高空作业、特殊工种、中小型机具、临时用电等方方面面。施工环节多导致风险难以预测，工期紧张，交叉作业频现，主观上增加了隐患产生的可能性。

3）难度大。建设项目中施工活动的多变性和复杂性决定了施工的难度。随着社会进步，城市地标性建筑越来越多，呈现出高、大、难的特点，建设周期长，建筑功能多样化，技术要求高，涉及的单位及人员多，建筑材料、设备和机械等资源用量大，增加了施工技术和管理难度。

7.1.1.2　施工安全监管的对象

施工安全监管的内容主要从"人机料法环"五个方面开展，如图7-1所示。

1）人员安全：包括对施工工人的安全培训和管理，确保他们了解并遵守安全操作规程，具备必要的安全技能，提高安全意识。此外，还需建立完善的人员考核和奖惩机制，激励和约束工人的行为，促使他们自觉遵守安全规定。

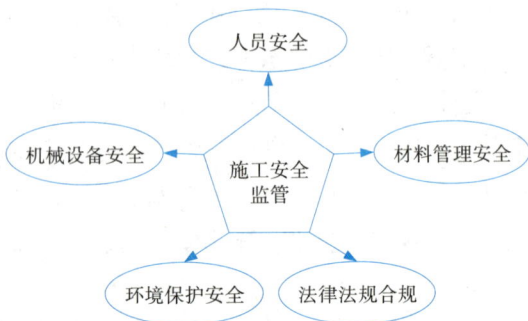

图 7-1　施工安全监管对象

2）机械设备安全：确保施工所使用的各类机械设备的安全性。这包括机械设备的定期检修、维护和保养，确保其安全运行；机械设备的操作人员的专业培训和合格认证；设备操作规程的制定和执行等。通过严格控制机械设备的安全使用，减少机械故障导致的事故风险。

3）材料管理安全：对施工过程中使用的各种材料进行管理和控制，确保材料的质量和安全性。这包括材料的采购渠道的监管、合格证明的取得、存储和保管的规范，以及材料使用过程中的安全操作和质量控制等。通过严格材料管理，减少因使用劣质材料或错误使用材料导致的事故和工程质量问题。

4）法律法规合规：确保施工过程中的各项工作符合相关的法律法规和标准要求。这包括建筑工地的规划审批手续的合规性，项目建设许可证的合法性，用工合同和劳动保障的合规性等方面。通过加强法律法规的监管，规范建筑工地的行为，预防违法违规行为的发生。

5）环境保护安全：施工过程中需要注意环境保护和安全管理。环境保护方面，包括噪声、扬尘、废水等的控制与管理，以减少对周边环境的污染和影响。安全管理方面，包括施工现场的围栏和警示标识设置，对危险化学品、易燃易爆品等的储存和使用进行规范，以及防火、防雷、防汛等安全措施的落实。

7.1.1.3　施工安全监管的措施

1）法律法规和政策措施：国家与各级主管单位针对建筑施工安全制定了一系列的法律法规和政策，并对违反规定的行为进行处罚。这些法律法规包括建筑法、安全生产法等，旨在规范施工行为，保障施工安全。

2）安全管理体系建设：施工单位需要建立健全的安全管理体系，包括编制安全管理手册、规章制度和工作程序，明确安全管理的职责和要求。通过建立安全管理体系，可以规范施工行为，加强对施工现场的安全控制和管理。

3）安全培训和教育：施工单位需对工人进行安全培训和教育，使其掌握安全操作知识和技能，并提高其安全意识。培训内容包括安全操作规程、事故案例分析、紧急救援等，目的是让工人能够正确应对可能出现的安全风险和事故。

4）安全设施和防护措施：建筑工地需要设置必要的安全设施和防护措施，如安全警示标识、围栏、安全网、安全帽、防护眼镜等。这些设施能够提醒施工人员注意安全，并保护他们免受安全风险的伤害。

5）定期安全检查和监测：相关部门进行定期的安全检查和监测，发现施工现场的安全隐患和问题。检查内容包括工地的安全设施是否完备、工人是否佩戴个人防护用品、机械设备是否符合安全要求等。通过检查发现问题，及时督促施工单位进行整改，确保施工安全。

6）安全事故应急管理：建筑工地需要制定安全事故应急预案，明确事故发生时的应对措施和责任分工。同时，建立事故报告和处理机制，及时处理事故并对事故进行调查和分析，总结教训，以预防类似事故的再次发生。

7.1.2 施工质量监控的主要内容与现有措施

7.1.2.1 施工质量监控的主要内容

1）施工工艺与材料的监控：监控施工过程中的工艺流程和使用的材料，确保符合设计要求和相关标准。监控工艺流程包括施工步骤、安装顺序、接缝处理等，目的是确保施工按照规范进行。材料监控涵盖了材料的采购、检验和储存，以确保材料的质量符合要求，并避免使用劣质材料。

2）施工现场质量控制：通过现场监控和巡检，确保施工现场的质量控制措施有效执行，包括施工现场的安全、环境保护、设备操作、施工工序等方面的监控，以及现场工作人员的操作规范和素质的监督。

3）质量检测和试验：进行质量检测和试验，对施工过程中的关键环节和节点进行检测，以验证质量符合设计要求。质量检测包括结构强度测试、材料试验、混凝土骨料比例检验等，以及施工工序的验收和质量评估。

4）工程质量评估和验收：对施工阶段的工程质量进行评估和验收，确保质量符合设计和建设标准。评估和验收包括工程质量的检查、记录和报告编制，以及相关部门对施工质量的评价和认可。

5）质量记录和文档管理：建立健全质量记录和文档管理制度，记录施工过程中的质量控制和检验结果。这些记录和文档包括工程质量问题整改记录、试验报告、验收报告、变更通知等，对于施工质量的追溯、质量纠纷的解决等有重要作用。

6）质量管理信息系统应用：借助质量管理信息系统，对施工质量进行监控和管理。利用信息系统收集、分析和处理施工质量相关的数据，实时监控施工过程，提供及时的质量报告和警示，以便做出合理的决策和调整。

7.1.2.2　施工质量监控的现有措施

现有的施工适量监控措施旨在通过合理的监控和控制手段，确保施工过程中质量的恰当掌控和改进，以提高施工质量的可靠性和效率。

1）工序把控：对施工过程中的各个工序进行把控。通过制定详细的工序操作规范和标准，确保施工人员按照要求进行施工，并进行过程性的质量检查和评估。如果发现问题，及时进行整改和优化，以确保每个工序的质量符合要求。

2）可视化监控：使用现代化技术手段，如监控摄像头、无人机等，对施工现场进行可视化监控。通过实时的监控画面，可以及时发现施工现场的异常情况和潜在安全隐患，采取相应的措施进行处理和改进。

3）无损检测技术应用：利用无损检测技术，对施工中的建筑结构、材料和设备进行检测，以评估其质量和可靠性。无损检测技术可以帮助发现潜在的质量问题，及时进行修复和调整，确保施工质量符合要求。

4）数据分析与挖掘：通过收集和分析施工过程中的数据，揭示潜在的质量问题和改进的机会。通过数据挖掘技术，可以从大量数据中提取有用的信息，有效预测质量风险，及时采取措施进行干预和改进。

5）质量通报和沟通：建立有效的质量通报和沟通机制，确保信息的流通和共享。通过定期召开施工质量会议、报告质量数据和问题，可以与相关人员进行沟通和讨论，寻求解决方案，并推动质量改进的实施。

7.1.3　当前施工安全监管与质量监控存在的问题

1）主观性和不一致性：过度依赖人工监管容易受到监管者主观意识和经验的影响，导致监管结果的不一致性。不同监管人员对于质量标准的理解和判断可能存在差异，可能会导致对同一施工项目的监管结果不一致，影响监管的公平性和一致性。

2）监管效率低下：人工监管对人力资源的需求往往较大，监管人员需要长时间观察和检查施工现场，从大量的数据中筛选出异常情况，并进行分析和判断。这种监管方式相对繁琐和耗时，导致监管效率低下，无法对大规模的施工项目进行实时和全面的监管。

3）难以覆盖全面：由于施工现场规模较大，人工监管很难覆盖所有施工细节和监测点。有时监管人员可能只能关注部分重点区域或特定环节，其他地方的质量问题可能无法及时发现和纠正，从而影响施工质量的综合掌控。

4）信息处理受限：人工监管往往难以有效处理大量产生的监控数据和信息。施工现场涉及各种类型的数据，包括摄像头监控数据、传感器数据、检测报告等，这些数据以及相关信息需要人工进行整理和分析，而人工处理的效率和准确性有限，可能导致部分重要信息被忽视或处理不及时。

5）难以实现实时监测和预警：人工监管很难实现对施工过程的实时监测和预警，无法做到及时发现和处理潜在的质量问题。如果出现紧急情况或质量风险，监管人员可能无法及时响应和采取措施，导致问题进一步扩大或难以处理。

针对如图 7-2 所示问题和弊端，引入智能化监管手段可以弥补人工监管的不足之处。例如，借助先进的机器人和无人机技术，实现施工现场的自动化监控、状况分析和问题预警。提高监管的客观性和一致性，加快监管效率，全面覆盖施工现场，同时能够实现对大量监控数据的实时处理和分析，提高信息理的准确性和效率，实现对质量问题的及时发现和处置。

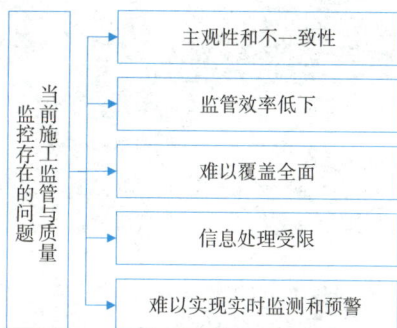

图 7-2　当前施工监管与质量监控存在的问题

7.2　巡检机器人的技术特点、应用案例

近年来，随着智能机器人的不断发展，机器人在各个工业领域的应用逐渐增多，同样的施工巡检机器人也不断被成功开发出来并得到推广应用。本节将紧跟技术发展前沿，举例介绍施工巡检机器人的技术方法、性能特点及其应用要求，希望通过学习，为学生深入理解施工巡检机器人的核心技术和工作原理，并将其正确运用到智能建造过程的施工监管中奠定基础。

7.2.1　巡检机器人结构组成及工作原理

施工巡检机器人主要由驱动装置、传感器系统、定位和导航系统、控制系统、数据处理分析系统、人机界面等核心组成部分构成。巡检机器人基本结构组成如图 7-3 所示。

1）机器人驱动装置：机器人驱动装置，通常采用轮式或履带式底盘，室内施工场景多采用轨道式，以及目前逐渐出现的更加灵活智能的仿生式机器人，巡检机器人类型如图 7-4 所示。驱动装置通过电动机或驱动器提供动力，保证机器人的移动和导航功能。驱动装置的设计应考虑到施工现场的特殊环境，例如不平坦的地面、浮尘等，以确保机器人能够在各种工况下稳定运行。

图 7-3　巡检机器人基本结构组成

图 7-4　巡检机器人类型

（a）仿生式；（b）轮式；（c）履带式；（d）轨道式

2）传感器系统：施工巡检机器人配备了各类传感器用于感知周围环境和收集数据，如图 7-5 所示。常见的传感器包括视觉传感器（如摄像头、激光扫描仪）、声音传感器、温度传感器、湿度传感器、气体传感器等。这些传感器帮助机器人实时获取施工现场的画面和环境信息，并进行数据采集和分析，用于识别隐患、检测缺陷等。

3）定位和导航系统：为了确保机器人能准确无误地在施工现场进行巡检，定位和导航系统至关重要。常见的定位和导航系统包括全球定位系统（GPS）、惯性测量单元

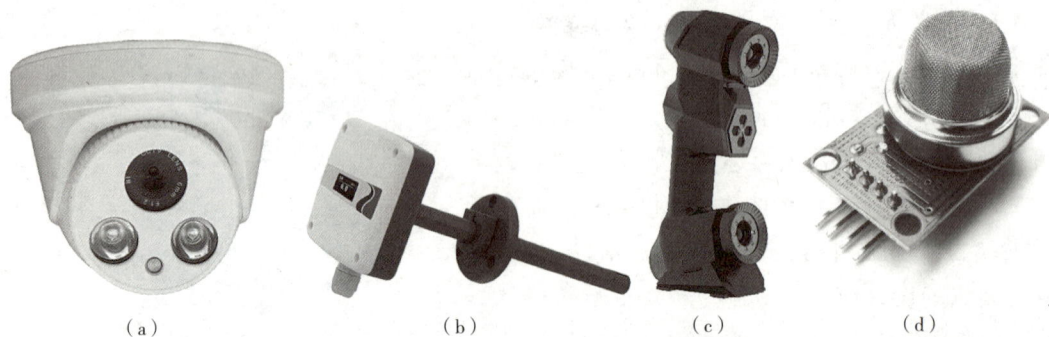

图 7-5　巡检机器人可配备的传感器

（a）红外摄像头；（b）温度、湿度传感器；（c）激光扫描仪；（d）气体传感器

（IMU）、激光雷达、里程计等。这些系统配合机器人自身的位置和姿态算法，实现机器人在复杂环境中的定位和路径规划，确保机器人能够安全、准确地移动到目标位置。

4）控制系统：机器人的大脑，负责监测传感器数据、处理算法、执行任务指令等。控制系统一般包括嵌入式计算机、处理器、运动控制器、通信模块等。控制系统根据机器人的任务需求，控制底盘运动、传感器数据采集、路径规划等操作。

5）数据处理与分析平台：施工巡检机器人的数据处理与分析平台用于接收、存储和分析机器人采集的数据。这个平台通常基于云计算技术，能够实现数据的实时传输、存储、分析和可视化。通过数据处理和分析，可以提取有用的信息和模式，辅助决策和指导施工质量管理。

6）人机界面和远程监控：为了方便操作和监控，施工巡检机器人通常配备人机界面和远程监控功能。人机界面可以通过触摸屏或按钮等方式与机器人进行交互，进行指令下发、任务设置等操作。远程监控功能允许操作人员通过网络连接，远程查看机器人的图像、数据和状态，及时了解施工现场的情况并进行指导和干预。

7.2.2 巡检机器人应用实例

本节将结合一款国产智能化巡检机器人，对机器人的技术参数、工作原理进行介绍，帮助学生更详细地了解巡检机器人的工作流程。

该智能巡检机器人具备多种功能并可以根据需求进行组合选配，如路径识别自主导航、人像识别、强声预警、远程实时对讲、红外热感应、一键报警（可选）、地形自适应等，可以大幅减少人力成本，提高指挥效率和预警隐患，从而保障安全。此外，机器人还可以根据不同施工场景的需求进行定制化功能设计，进一步满足各种巡检需求。

7.2.2.1 巡检机器人正面结构（图 7-6）

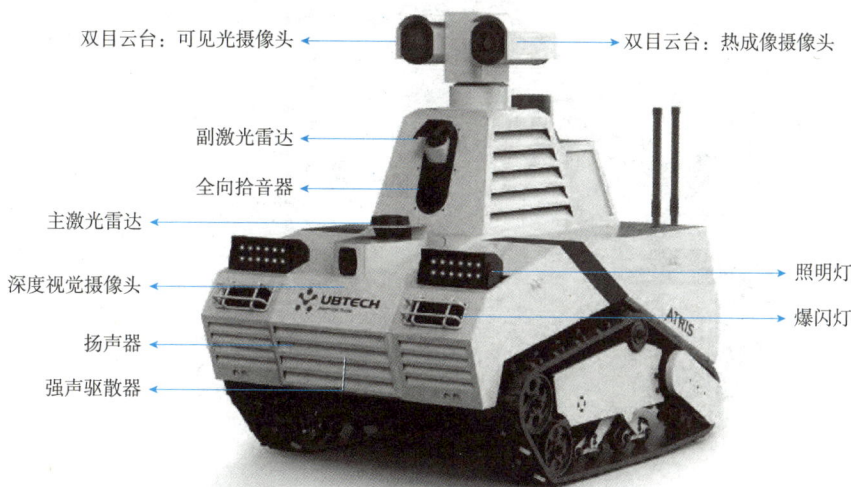

图 7-6 巡检机器人正面结构

1）双目云台：包含可见光摄像头（分辨率为 1920×1080）与热成像摄像头（分辨率为 640×512），支持 360° 水平旋转与 ±90° 垂直旋转，多角度查看现场画面。

2）主激光雷达：自主导航的关键部件之一，视距 40m。

3）副激光雷达：自主导航的关键部件之一，视距 8m。

4）深度视觉摄像头：自主导航的关键部件之一，视距 0.3~8m。

5）全向拾音器：360° 全向监听现场声音，监听距离达 15m。

6）扬声器：大功率扬声器，实现向现场的语音播报。

7）强声驱散器：发出高频高声强的噪声，震慑并驱散现场的可疑人员。

8）照明灯：双 LED 强光照明灯。

9）爆闪灯：高频爆闪，有效震慑可疑人员。

7.2.2.2　巡检机器人背面结构（图 7-7）

1）报警灯：发出亮光报警。

2）4G 天线：传输 4G 网络信号。

3）通话天线：传输通话语音信号。

4）GPS 天线：接收 GPS 信号。

5）开关：机器人电源开关。

6）调试接口：用于调试机器人。

7）充电接口：用于给机器人充电。

8）急停：按下后机器人将立即停止运动。

9）电量显示：显示机器人剩余电量。

图 7-7　巡检机器人背面结构

7.2.2.3　巡检机器人数据通信方案

1. 在线服务器

采用在线视频识别和视频转发，将视频流与识别结果推送至机器人客户端，如图 7-8 所示。

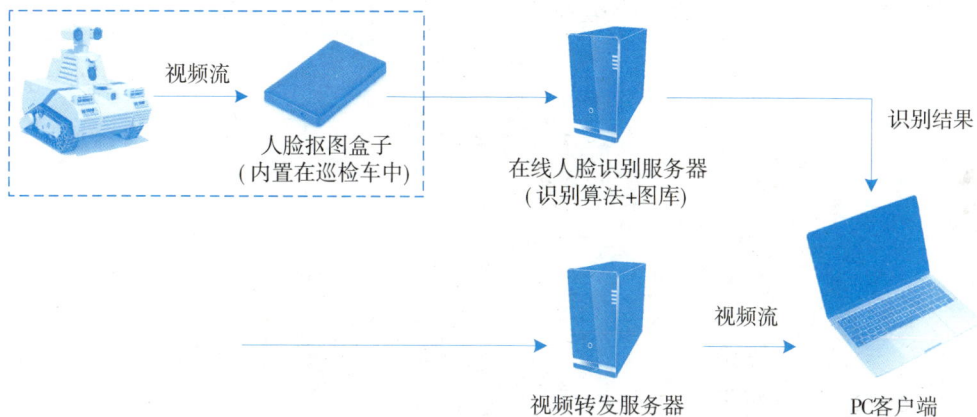

图 7-8　在线通信方案

2. 本地服务器

采用本地的视频识别服务器 / 视频监控平台，并在显示平台上显示视频流与识别结果。机器人客户端获取视频转发服务器上的视频流并显示至于人脸识别结果是否需要显示，需根据客户需求确定，如图 7-9 所示。

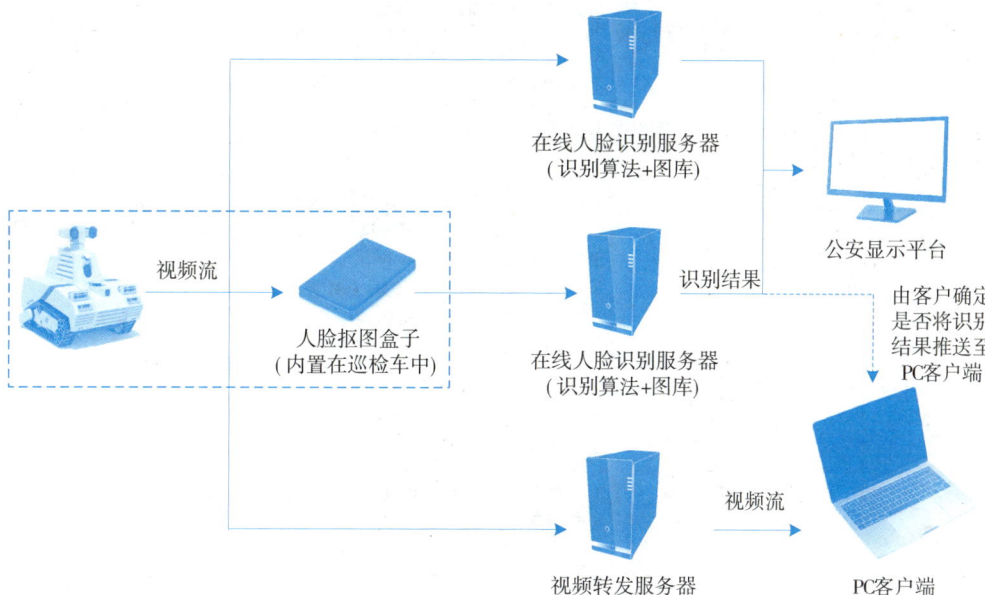

图 7-9　本地通信方案

7.2.2.4 巡检机器人技术参数

根据巡检机器人不同结构模块，将相应的功能指标与技术参数汇总如表 7-1 所示。

巡检机器人技术参数 表 7-1

结构模块	功能指标	技术参数
底盘	形式	履带式
	动力	48V 直流伺服电机
	速度范围	0~1m/s
	爬坡能力	≤ 35°（可爬楼梯）
	越障能力	≤ 140mm
电池	磷酸铁锂电池	51.2V 80Ah
双目云台	转动角度	1. 水平：360°； 2. 俯仰：−90°~+90°
	可见光	分辨率：可手动选择，支持 1080P 与 720P 光学变倍：≤ 30 倍
	热成像	1. 分辨率：640×512； 2. 热灵敏度：≤ 40mK
	本地存储	SD 卡形式，最大支持 128GB
导航	激光雷达 1	单线雷达 视距 40m
	激光雷达 2	单线雷达 视距 8m
	差分 GPS（RTK）	双频 RTK 厘米级定位精度
导航	双目视觉模块	1. 视场角：60°×45°（水平 × 垂直）； 2. 监控距离：300~8000mm
	超声波模块（双探头）	1. 探测范围：10~4500mm； 2. 探测频率：50Hz
	超声波模块（单探头）	1. 探测范围：140~4500mm； 2. 探测频率：50Hz
通信模块	4G 无线路由器	1. 接入方式：4G 运营商网络接入 +Wi-Fi 网络接入； 2. 支持运营商网络制式：TDD LTE、FDD LTE 等 4G 网络、3G+ 网络、3G 网络，向下兼容 2G 网络； 3.Wi-Fi 工作频段：2.4GHz ISM 波段； 4.Wi-Fi 无线速率：150Mbps
	底盘遥控器	1. 工作频段：2.4GHz ISM 波段； 2. 调制模式：QPSK； 3. 扩频方式：DSSS&FHSS； 4. 遥控距离：500m
天线	4G 天线	1. 工作频段：824~960MHz，1710~2690MHz； 2. 输入阻抗：50Ω； 3. 极化方式：垂直极化； 4. 增益：2±1dBi

续表

结构模块	功能指标	技术参数
天线	2.4GHz 天线	1. 工作频段：2.4GHz； 2. 输入阻抗：50Ω； 3. 极化方式：线极化； 4. 增益：5dBi
强声驱散器	频率	1.5~5kHz
	声强	1m 处 124dB
扬声器	功率	20W
	声强	≤ 110dB
拾声模块	拾声距离	≤ 15m
	拾声方向	360° 全向
环境适应性	整机工作温度	−20~55℃
	防水等级	IP65

7.2.2.5 巡检机器人工作流程

1. 视频监控

长期以来，对于施工现场巡检，使用的都是人工方式。使用智能化巡检机器人不仅可以提高员工的工作效率，最大限度地保障人员安全，而且可以提升施工效率与施工质量，减少不必要的财产损失。

传统的固定视频监控系统存在视觉盲点，而巡检机器人则可以通过自身的可见光和红外视频图像采集功能（图 7-10），移动到指定位置近距离观察和拍摄目标物体，从而覆盖监控盲区。机器人能够拍摄高清晰度的现场图像和红外热成像，并将这些图像信息经过处理和分析后，通过无线局域网实时传输到主控室。在主控室，工作人员可以根据这些图像信息来判断现场情况，第一时间采取相应措施。

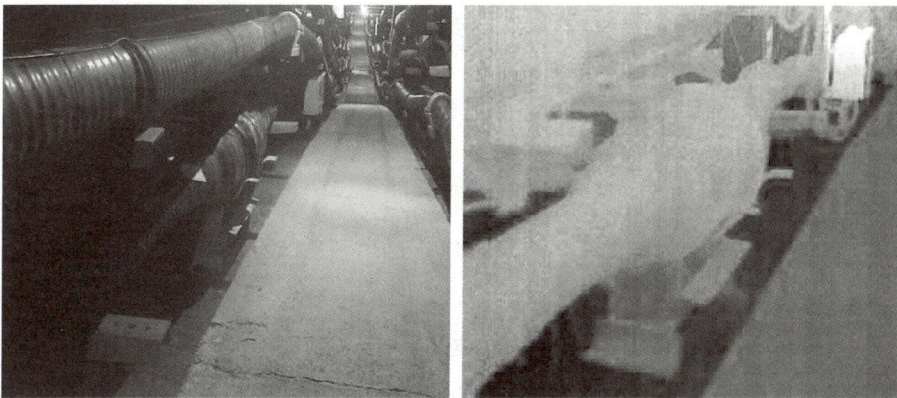

图 7-10　视频与红外图像采集

2. 红外测温功能

巡检机器人通过红外测温技术可以实时监测施工现场的温度情况，发现异常的热点区域，有助于检测施工中存在的潜在问题，如局部高温区域可能存在电气缺陷、设备故障、隐蔽火灾等。

红外测温功能也可以帮助检测施工过程中的质量问题和缺陷。通过测量建筑物外墙、屋顶、墙面等表面温度的均匀性，可以发现构造问题、隐蔽质量问题、材料缺陷等。例如，温度异常的局部区域可能暗示着隔热层、隔声材料、防水层等施工质量的问题。

3. 环境监测

巡检机器人配备了气体探测器和温湿度传感器，能够实时检测空气环境和温湿度（图 7-11），并得出精确结果。它能够检测空气中的氧气（O_2）浓度以及有毒和可燃气体（如 CO、H_2S、CH_4）的浓度，并将分析结果反馈给主控室的工作人员。此外，工作人员还可以根据需要设置报警限值，包括低温、高温、湿度和气体浓度的报警限值。一旦超过这些限值，机器人会立即发出声光报警，以防止工作人员因误判施工环境而面临生命危险。此外，巡检机器人还可以作为安全引导员，在工人进入危险作业区域时进行安全引导，提供有毒气体、温度和湿度的实时监测。一旦监测到异常情况，机器人会立即发出警报提醒工作人员。

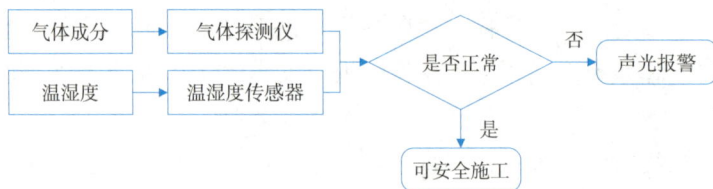

图 7-11 气体分析与温湿度检测步骤

7.2.2.6 巡检机器人工地巡检案例（图 7-12、图 7-13）

工程现场人员多、设备多、作业过程复杂、生产过程始终处于动态变化中，安全风险问题突出，工程安全巡检机器人对工程进行巡检和监控，可以降低巡检和测量人员的工作强度，减少巡检过程中出现的差错，从根本上提升巡检和测量的质量与效率，对保障工程安全有着重要且深远的意义。

工程安全机器人获取工程实体状态，其高度集成了工程感知模块、机器人交互模块和行走机构，并能够通过网络实现信息共享，工程人员可通过视听交互模块或移动 App 实时获得信息。

1. 路径规划（图 7-14）

巡检机器人的路径规划功能是指通过智能算法和传感器技术，为机器人制定最优路径，实现高效、快速地进行巡检任务。合理的路径规划可以减少重复和冗余的移动，提高巡检效率，节约时间和能源消耗。路径规划可以避免障碍物的碰撞和阻挡，确保巡检机器人的安全运行。路径规划还可以提供实时的导航和定位功能，帮助操作人员准确控制和监控机器人的行进情况。

图 7-12　施工现场内场监管

图 7-13　施工现场外场监管

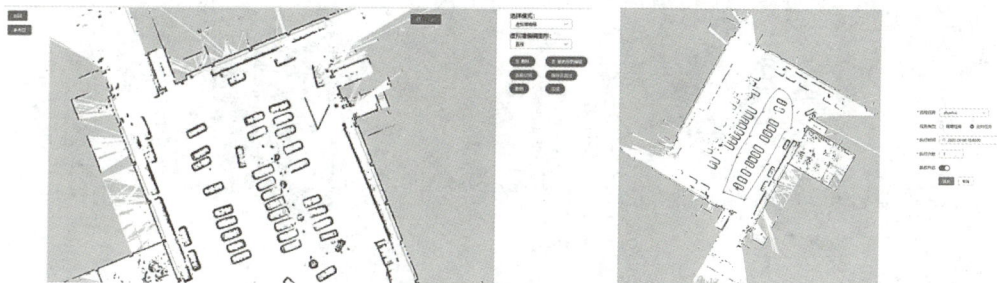

图 7-14　巡检机器人路径规划

2. 工程场景识别（图 7-15）

该功能主要对工程现场的人员行为状态和火灾进行监测，对不戴安全帽、未穿反光衣、火灾等进行巡检，对以上情况进行现场语音预警，以及云端同步预警，及时保障人员生命和财产安全。

图 7-15　巡检机器人工程场景识别

155

3. 不同应用场景

工程安全感知机器人可运用到不同工程应用场景。

1）应用场景 1：房建工程施工场地安全巡检，主要包括人员行为安全、环境质量、有害气体、火灾等因素，如图 7-16 所示。

2）应用场景 2：隧道、地下综合管廊施工工程等受限空间安全巡检，主要包括人员行为安全、环境质量、有害气体、火灾等因素，如图 7-17 所示。

3）应用场景 3：工程运维场所安全巡检，主要包括环境质量、有害气体、火灾等因素，如图 7-18 所示。

图 7-16　房建工程安全巡检

图 7-17　地下工程安全巡检

图 7-18　工程运维场所安全巡检

7.3　质量监控无人机的技术特点、应用案例

随着无人机技术的飞速发展，无人机在建筑工程施工质量监控方面也得到了越来越多的应用。通过搭载高分辨率相机和传感器，无人机可以进行建筑结构的拍摄和检测，实时发现缺陷、裂缝、变形等质量问题。同时，无人机航拍可以定期获取工地全景视图，帮助监理人员实时掌握工程进度，及时发现延误和偏差。此外，无人机还能用于安全监测，通过航拍和红外热成像技术，发现施工现场的安全隐患。无人机还能进行地形测量和体量计算，生成精确的三维模型，为施工提供准确的数据支持。同时，无人机在资源管理和物资追踪方面也具有优势，可监测物资使用情况和资源调配，确保施工过程高效有序。另外，无人机还能进行环境监测，通过环境传感器测量和分析空气质量、土壤污染、噪声等数据，保护施工环境和符合环保要求。无人机的高效、全面、灵活的特点，为监理人员提供了快速、准确的施工质量监控手段，提高了施工质量的可控性和可靠性。

本节将紧跟技术发展前沿，举例介绍质量监控无人机的技术方法、性能特点及其应用要求，希望通过学习，为学生深入理解质量监控无人机的核心技术和工作原理，并将其正确运用到智能建造过程的施工监管中奠定基础。

7.3.1 无人机分类简介

随着无人机技术的飞速发展，无人机的分类和系统种类也日益多样化。这些无人机在尺寸、质量、航程、航时、飞行高度、飞行速度以及任务等方面都存在较大的差异，这使得无人机的应用范围和特点更加鲜明。小到日常可见的航拍无人机，大到国庆阅兵仪式上壮观的无人机作战模块。本节对无人机进行分类简介，帮助学生对无人机的类型有一个全面的了解，同时理解巡检用无人机的技术特点。

7.3.1.1 按飞行平台分类

无人机的飞行平台指的是无人机的机体和其支撑结构，也就是无人机的机翼、机身、起落架等部件及其连接、支撑和装载的设施。飞行平台是无人机实现升空、飞行和着陆的重要组件，也是无人机执行各项任务的关键载体。无人机飞行平台的性能和特点会影响无人机的飞行性能、任务执行能力以及安全性能等。

无人机的飞行平台可分为固定翼、单旋翼、多旋翼、伞翼、扑翼、无人飞艇等，如图 7-19 所示。

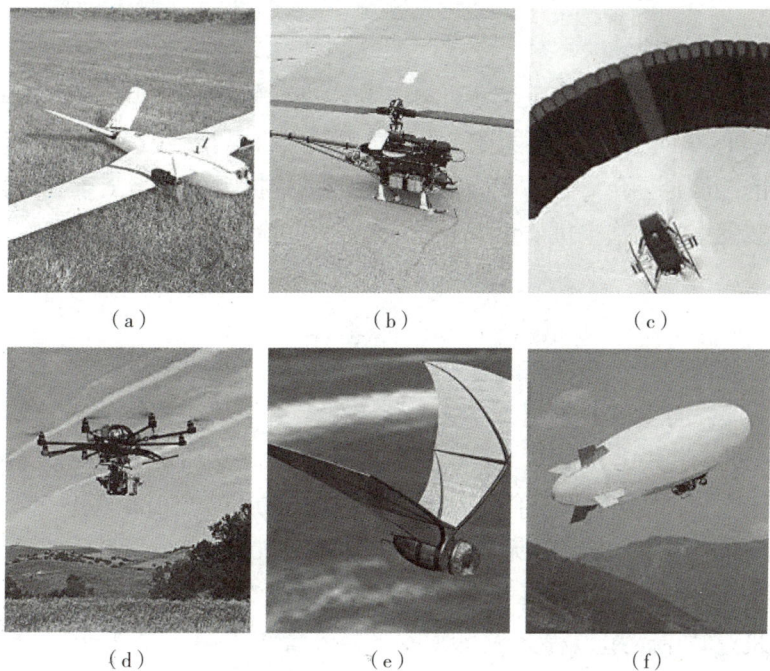

图 7-19　按飞行平台构型分类
（a）固定翼；（b）单旋翼；（c）伞翼；（d）多旋翼；（e）扑翼；（f）无人飞艇

7.3.1.2 按用途分类

无人机按用途可以分为军用和民用两类，如图 7-20 所示。军用无人机主要对灵敏度、飞行高度、速度、智能化等有更高的要求，是技术水平最高的无人机，包括侦察、诱饵、电子对抗、通信中继、靶机和无人战斗机等机型。相比之下，民用无人机一般对于速度、升限和航程等要求都较低，但对于人员操作培训、综合成本有较高的要求。民用无人机主要用于政府公共服务，如警用、消防、气象等，占到总需求约 70%。

（a）　　　　　　　　　　　　　　（b）

图 7-20　按用途分类
（a）军用无人机；（b）民用无人机

7.3.1.3 按尺度分类

根据民航法规，无人机按照尺寸可以分为微型、轻型、小型、中型和大型五种类型。微型无人机是指空机质量不大于 7kg，轻型无人机是指空机质量不大于 116kg，小型无人机是指空机质量不大于 5700kg，中型无人机是指空机质量大于 5700kg 但不大于 30000kg，大型无人机是指空机质量大于 30000kg。巡检机器人通常为微型无人机或轻型无人机。

7.3.1.4 按续航半径和任务高度分类

无人机按任务高度可分为超低空无人机、低空无人机、中空无人机、高空无人机和超高空无人机。其中，超低空无人机任务高度不大于 100m，低空无人机任务高度在 100~1000m 范围内，中空无人机任务高度在 1000~7000m 范围内，高空无人机任务高度在 7000~18000m 范围内，超高空无人机任务高度在 18000m 以上。

无人机按续航半径可分为超近程无人机、近程无人机、短程无人机、中程无人机和远程无人机。其中，超近程无人机续航半径不大于 15km，近程无人机续航半径在 15~50km 范围内，短程无人机续航半径在 50~200km 范围内，中程无人机续航半径在 200~800km 范围内，远程无人机续航半径在 800km 以上。

7.3.2 巡检无人机结构组成及工作原理

无人机主要由驱动装置、传感器系统、定位和导航系统、控制系统、数据处理分析系统、人机界面等几个核心组成部分构成。

巡检机器人基本结构组成如图 7-21 所示。

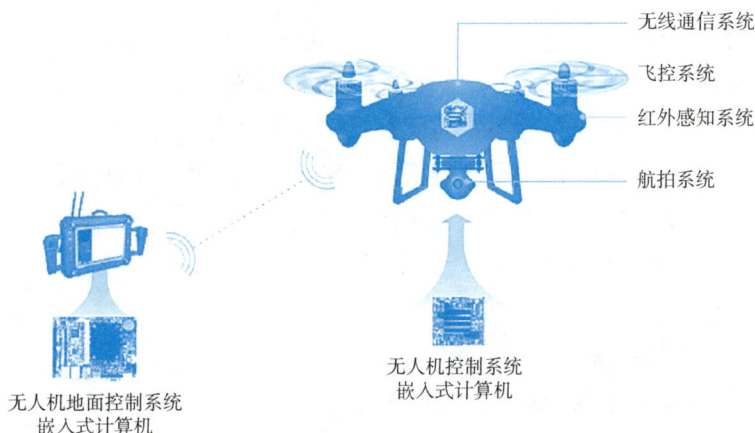

图 7-21 巡检无人机结构组成示意图

1）机身：巡检无人机的主体框架，承载了其他组件和设备。它通常采用轻质但坚固的材料，如碳纤维复合材料或铝合金，以保证机身的强度和稳定性。

2）电池：提供电源给无人机的电动机和各个电子组件，确保无人机的飞行和工作时间。电池通常采用锂聚合物电池或锂离子电池，具有较高的能量密度和轻量化特性。

3）飞控系统：无人机的核心控制器，负责无人机的飞行控制和稳定。它由主控制单元、陀螺仪、加速度计、罗盘和气压计等传感器组成，通过接收和处理来自传感器的数据，并发送相应指令控制电动机和舵机。

4）电动机和推进系统：提供无人机的动力。无人机通常采用无刷直流电动机，配备可变速螺旋桨或固定翼以产生升力和推力。它们通过飞行控制系统控制转速和旋翼角度，实现无人机的悬停、起飞、降落和飞行动作。

5）遥控器：无人机的操控设备，由手持遥控器和接收机组成。通过遥控器，操作人员可以发送指令和控制信号给无人机，如起降、转向、高度调节等。

6）传感器和通信设备：巡检无人机配备各种传感器和通信设备，用于实时获取和传输数据。常见的传感器包括相机、红外热像仪、激光雷达等，用于采集图像、测量温度、进行距离测量等。通信设备用于与遥控器或地面控制站进行无线通信，以实现遥控和数据传输。

7）负载设备：巡检无人机还可以根据需要搭载各种负载设备，如高清相机、热成像相机、多光谱相机、气体传感器等。这些负载设备可以进行图像采集、环境监测、勘测测量等任务。

8）地面控制站：巡检无人机的地面操作中心，用于监控和控制无人机的飞行和任务。地面控制站通常由电脑、遥控器、显示器和地面通信设备组成，操作人员可以通过地面控制站实时监视飞行状态、控制航向、调整飞行参数，并接收和分析无人机传输的数据。

7.3.3　无人机施工监管应用实例

本节将结合一款国产智能监控无人机，对智能监控无人机的技术参数、工作原理进行介绍，帮助学生更详细地了解智能监控无人机的工作流程。

该智能监控无人机的飞行器系统为遥控自驾飞行平台，可以用于拍照、录像以及执行其他监视检查任务，采用四旋翼飞行平台、耐扭力而又极轻的碳纤维机身以及先进的电子控制系统。该系统使用了载人飞机级的高精尖技术，如 GPS、惯性导航系统、自动驾驶仪和飞行数据记录器等。

7.3.3.1　无人机系统简介

无人机系统主要包括飞行器、充电箱和地面站，放置在各自的安全箱内。图 7-22 显示的是完整的一套系统，可选设备包括各类相机、移动视频接收器和航点导航。

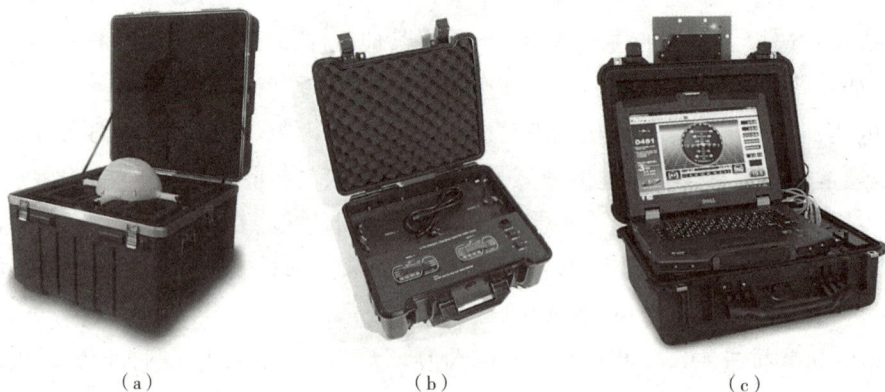

（a）　　　　　　　　　（b）　　　　　　　　　（c）

图 7-22　整套巡检无人机系统

（a）飞行器；（b）充电箱；（c）地面站

7.3.3.2　无人机飞行方式简介

无人机采用四旋翼直升机系统。悬停时，所有旋翼速度一致，如图 7-23 所示。通过调整相应旋翼的速度可以改变飞行器的位置。

1）通过横轴上的机身前倾或后倾，即加速或刹车来实现前后移动，改变 A 和 C 的转速比从而改变推力比。

2）通过纵轴上的机身侧向倾斜（滚转）来实现左右移动，改变 B 和 D 的推力比。

3）绕着升力轴旋转（偏航），改变 A-C 和 B-D 之间的推力比。

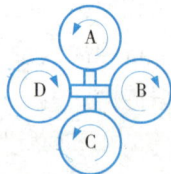

图 7-23　无人机飞行电机图解

4）爬升或降落（油门），同时加快或减慢四个电机的转速。

通过这些基本指令的组合使用，飞行器可以实现自由飞行。通过温度补偿和气压高度控制，飞行器能够稳定在所需高度。

由于四旋翼飞行器前后旋翼和左右旋翼的旋转方向是相反的，因此以相同转速工作时，四个旋翼所产生的扭矩得以相互抵消。所以传统直升机上用于抵消主旋翼扭矩的尾旋翼可以省去，因为并不产生升力的尾旋翼会降低飞行器性能。

7.3.3.3 巡检无人机结构组成

1. 电机和电机控制器

无人机的电机为 42 极 /36 槽的无刷转子电机，有 48 个磁条和一个同步换向器，重 250g，直径 86mm，如图 7-24 所示。

图 7-24 无人机的电机

2. 电子控制系统

电子控制系统（图 7-25）的核心为 IMU 模块。IMU，即惯性测量单元，是能稳定气压高度的位置控制系统，结合三个并入到卡尔曼滤波器的位置和加速度传感器而成。该 32 位微控制器确保所有数据能够快速计算。

3. 旋翼（图 7-26）

四个旋翼中有两个向左旋转（逆时针 /CCW），两个向右旋转（顺时针 /CW）。碳纤制作的旋翼很坚固，在电机的带动下效率很高。每次飞行前，检查旋翼是否有明显的裂痕，以避免在飞行中出现问题而发生坠机。发生意外后必须检查旋翼，以避免飞行中旋翼断裂。

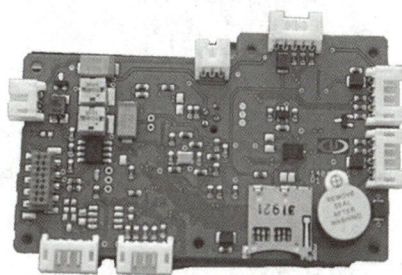

图 7-25 电子控制系统

4. 飞行数据记录器

飞行器上记录飞行的微型 SD 卡为飞行数据记录器。这个就像商务飞机的黑匣子，不断地记录当前飞行状态、传感器数值和所有从遥控器处接收的飞行命令。这张 SD 卡位于飞控板顶部左下角（图 7-27）。

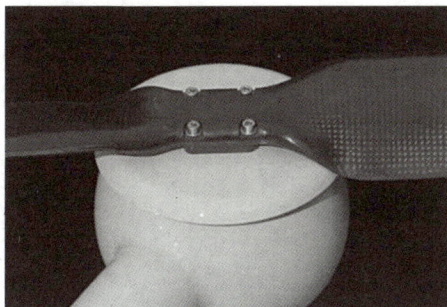

图 7-26 旋翼

图 7-27 飞行数据记录器

5. 可挂载设备

1）单电型数码相机

单电型数码相机作为四旋翼微型无人飞行器系统的机载任务设备，相机分辨率达到1600万像素，可以获取极佳的影像质量。

2）超轻型日光彩色摄像机

超轻型日光彩色摄像机是一种超轻型摄像机，采用540TVL，1/3"SONYCCD。超轻型日光彩色摄像机不具备内置存储功能，因此需要配合相应的视频捕捉器和软件，才能将视频数据存储到电脑上。它运行时无需外接电源，而是利用无人机电池进行供电。

3）微光摄像机

微光摄像机是专为在月光或城市夜间等低光照条件下拍摄而设计的。它具有高达570TV-line的解析度和0.0005Lux的灵敏度，其效果可与夜视摄像机相媲美。微光摄像机的镜头焦距是固定的，且无需独立的供电电源。与超轻型日光彩色摄像机一样，微光摄像机也必须配合相应的视频捕捉器和软件，才能将视频数据存储到电脑上。

4）高清摄像机

高清摄像机具有更清晰的拍摄质量，既可以用来获取1600万像素的照片，也可以录制1080P高清动态影像。

5）红外热成像仪

该系统具备红外热成像温度检测功能，能够在飞行器机载热像仪上存储记录全画幅16位温度数据。系统还配备了防摔保护系统，以确保飞行器在失控坠地后，大部分器件仍可进行维修。此外，该系统还具备实时测温功能，并拥有多种测温模式以及图像显示功能，以提供更准确的温度检测和图像分析。

可挂载设备如图7-28所示。

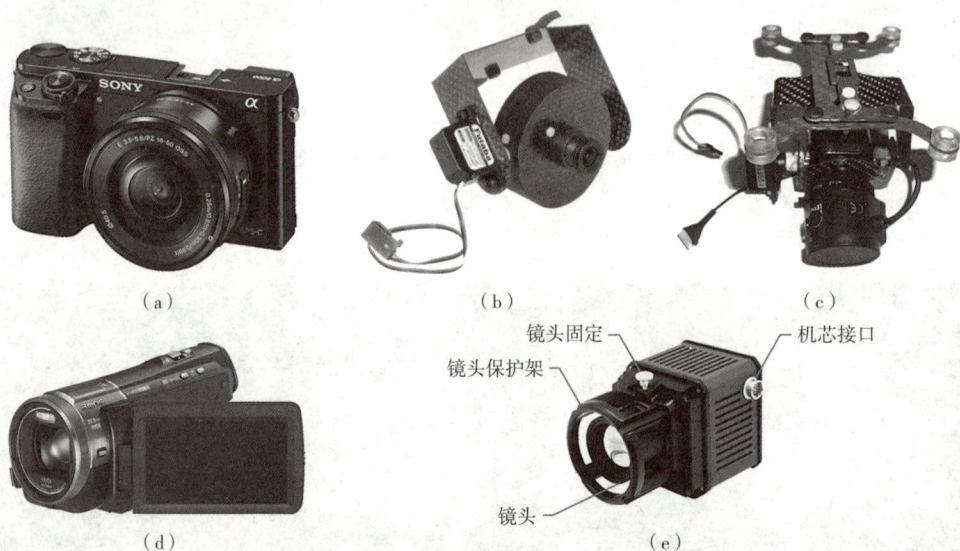

图 7-28 可挂载设备

（a）单电型数码相机；（b）超轻型日光彩色摄像机；（c）微光摄像机；（d）高清摄像机；（e）红外热成像仪

7.3.3.4 巡检无人机技术参数（表7-2）

巡检无人机技术参数   表7-2

技术规格	
飞行器质量	2650g
负载质量（推荐）	800g
负载质量（最大）	1200g
电池	6S2P LiPo 22，2V / 13Ah
爬升速度	7.5m/s
巡航速度	12m/s
推力峰值	118N
续航时间	长达88min
飞行半径	遥控信号范围内约3000m
上限高度（相对于起飞）	1000m
最大起飞海拔（海拔高度/WGS84）	4000m
工作条件	
温度范围	−10~50℃
湿度	最大相对湿度90%
抗风能力	12m/s
尺寸	
直径	1135mm
高度	495mm

7.3.3.5 无人机工地巡检案例

建筑工地的高处临边、悬挑架结构外立面、大型设备尖端部危险区域都是人工巡检的盲区，并存在较大安全隐患。以前监管人员仅凭肉眼检查工地，如今在无人机的助力下，不用到现场，就能实现360°无死角实时监管，大大提升了监管效率。本小节以浙江省某工地巡检为例，详细介绍无人机工地巡检的具体工作内容与监管效果。

1. 无人机充电续航保障

无人机对工地进行持续巡检，需要保障电池的续航，常见方法包括：选择容量大、能量密度高的电池；通过合理规划飞行路线和飞行速度，减少飞行距离和时间，从而延长无人机的续航时间；适当减少无人机携带的负载和传感器数量，可以减少电池消耗，延长续航时间；在工地附近设置充电站，为无人机提供充电设施，通过程序控制实现自动往返充电，以延长飞行时间。巡检无人机充电站如图7-29所示。

2. 无人机全自动常态化工地巡检作业内容

其内容包含：人员管理、工程进度查看、安全管理、工程质量管理等，后台 AI 分析

（a） （b）

图 7-29 巡检无人机充电站

（a）移动便携式；（b）固定式

发现问题，并主动推送相关管理部门，分拨处置，如工地边坡塌陷、工地扬尘、征地占用、道路破损、未戴头盔、渣土车未覆膜、裸土未覆盖等多类问题。

1）工人个人防护检查

工人个人防护是为了保护工人在工作场所免受各种危害和伤害的措施，包括安全帽、防护眼镜/面罩、防护手套、防护鞋/靴、耳塞/耳罩以及呼吸防护装备等。无人机可以对防护措施的佩戴情况进行实时监控，对于违规行为及时处理，如图 7-30 所示。

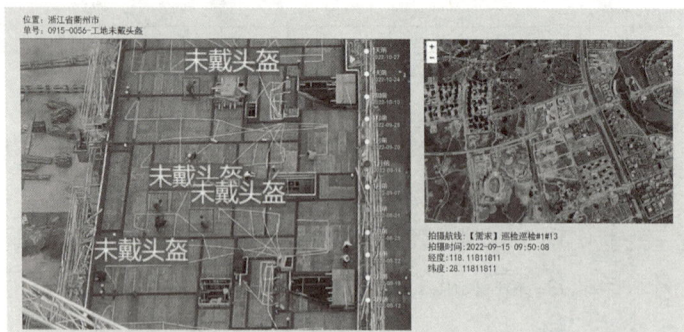

图 7-30 头盔佩戴情况监管

2）工地扬尘检查

扬尘中携带着土壤、沙尘、建筑材料和污染物等微小颗粒，这些颗粒可被人体吸入并对呼吸系统造成危害。扬尘也会对周围环境造成污染，降低空气质量，影响周边居民的健康和生活品质。此外，大量扬尘可能会降低能见度，给驾驶员和行人带来安全隐患，增加事故的发生风险。扬尘的积累还可能引发火灾和爆炸，增加工地事故的可能性。无人机可以对工地扬尘情况进行实时监控（图 7-31），并对裸土覆盖进行监控（图 7-32），一定程度上从源头解决扬尘问题。

图 7-31 扬尘监控

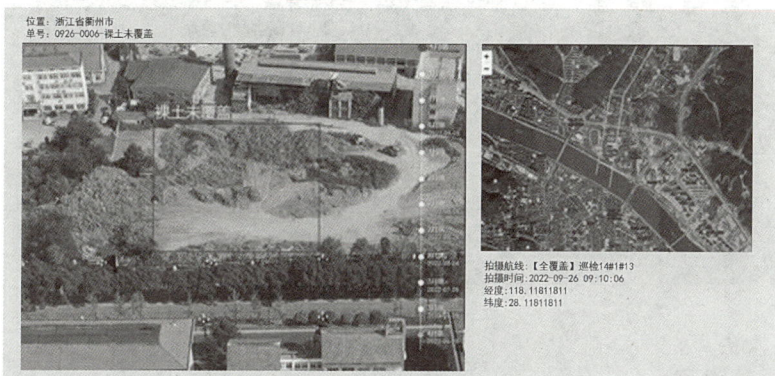

图 7-32 裸土覆盖监控

3）安全护栏监管（图 7-33）

建筑工地安全护栏的作用是为了确保工地周边的安全和防范潜在的危险。安全护栏可以起到以下重要作用：首先，它能够限制非工作人员和未授权人员的进入，防止他们无意中接触到危险区域或受到伤害；其次，护栏可以划定工地范围，明确施工区域和非施工区域，提供清晰的指示和引导，减少混乱和事故的可能性；此外，安全护栏还能防止工地设备、材料或碎片等危险物品外溢或飞散，保护周围的行人、车辆和建筑物免受潜在的伤害。无人机可以对工地现场安全护栏的布设进行实时监控，确保护栏的合理安装与使用。

4）物料堆放监管（图 7-34）

合理堆放物料可以提高工作效率，通过将不同类型和规格的物料进行分类、标识和整理，可以使施工人员更加方便地找到所需材料，减少搜索和取用时间，提高作业效率，加快工程进度。不合理的堆放物料则会导致潜在的安全隐患和事故风险，出现倾倒和坍塌等事故，危害工地人员安全、影响施工进度。无人机可以对工地现场物料堆放进行实时监控，及时发现错误的堆放位置并及时预警。

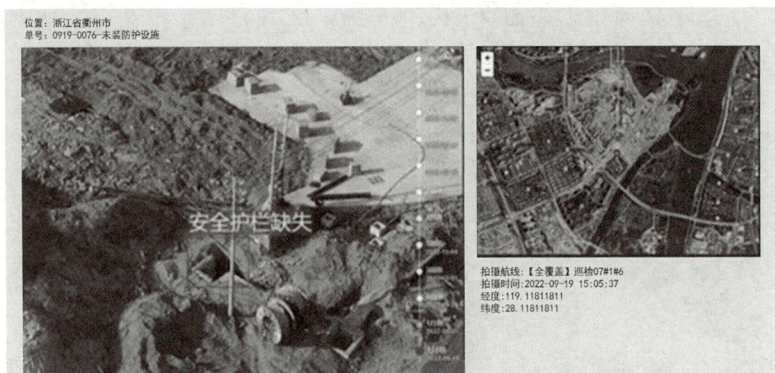

位置：浙江省衢州市
单号：0919-0076-未装防护设施

安全护栏缺失

拍摄航线：【全覆盖】巡检07#1#6
拍摄时间：2022-09-19 15:05:37
经度：119.11811811
纬度：28.11811811

图 7-33　安全护栏监管

位置：浙江省衢州市
单号：0906-0026-占道堆放

乱堆物料

拍摄航线：【全覆盖】巡检02#1#13
拍摄时间：2022-09-06 14:52:23
经度：118.11811811
纬度：28.11811811

图 7-34　物料堆放监管

5）工地周边路况巡检

结合高效的无人机巡检技术，建筑工地施工时也可以对周边路况进行巡检，及时掌握道路状况的变化，包括交通流量、路面状况等，发现和解决潜在的交通安全隐患，从而为工地的交通组织和施工计划提供可靠的基础数据和信息，确保施工现场和周边交通环境的安全（图 7-35）。同时可以对渣土清运过程中的违规行为进行监管（图 7-36）。

位置：浙江省宁波市
单号：0907-0078-未装防护设施

道路破损

拍摄航线：【正射】07#1#6
拍摄时间：2022-09-07 15:45:47
经度：119.11811811
纬度：28.11811811

图 7-35　路面破损

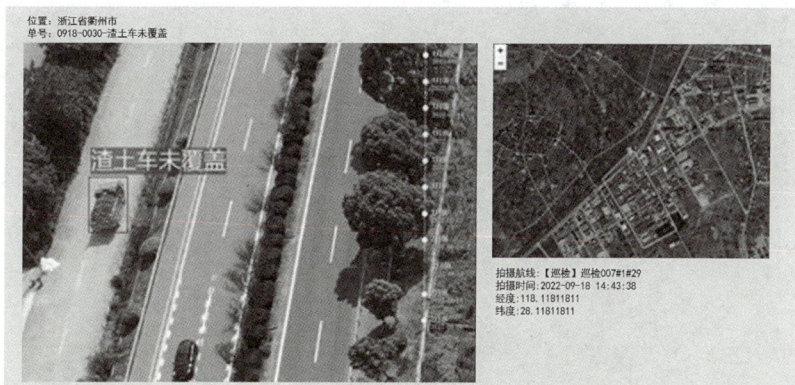

图 7-36 渣土车未覆盖

本章小结

　　本章内容主要围绕施工现场的智能化监管设备，首先介绍了施工安全监管与质量监控的现有措施，并对现有施工安全监管与质量监控存在的问题进行梳理。接着介绍了应用于施工安全监管方面的巡检机器人，包括巡检机器人的结构组成与工作原理，并结合具体的巡检机器人应用实例，详细介绍了巡检机器人的技术参数和工作流程。最后针对质量监控无人机，介绍了无人机类型划分和各自特点，无人机工作原理与结构组成，同样结合具体的无人机应用实例，详细介绍了无人机的技术参数和工地巡检工作流程。

思考与习题

7-1 施工安全监管的对象有哪些？

7-2 本章介绍了哪些智能化施工监管机器人？它们各自适用于什么场景？

7-3 巡检机器人通常包括哪些组成结构？各自起到什么作用？

7-4 质量监控无人机通常包括哪些组成结构？各自起到什么作用？

思考与习题答案请扫描二维码 7-3。

二维码 7-3
第 7 章 思考与习题答案

参考文献

[1] 钟伟雄，韦凤，邹仁，等 . 无人机概论 [M]. 北京：清华大学出版社，2019.

[2] 贾玉红，无人机系统概论 [M]. 北京：北京航空航天大学出版社，2020.

[3] 卢万杰 . 轮式矿用巡检机器人自主行走与目标识别研究 [D]. 阜新：辽宁工程技术大学，2023.

[4] 陈晴 . 面向建筑设施的履带式机器人自动化巡检关键技术研究 [D]. 杭州：浙江大学，2022.

[5] 李致远 . 城市安防智能巡检无人机系统设计与实现 [D]. 南京：南京邮电大学，2023.

[6] 王雪 . 建筑工地智能巡检机器人激光 SLAM 研究 [D]. 西安：长安大学，2023.

第8章

建筑施工智能化机械与装备的信息化管理

本章要点 📖

1. 学习和理解建筑施工智能化机械与装备的信息化管理任务、目标及管理制度；
2. 学习和理解建筑施工智能化机械与装备的信息化管理主要内容、相关技术及应用实例。

教学目标 🖥

1. 智能化施工机械与装备的信息化管理目标、管理内容、管理制度及相关技术；
2. 学习和理解施工智能化机械装备信息化管理的功能、架构、应用过程，并将其运用到智能建造过程的项目中。

案例引入 📄

"五新隧装全电脑三臂凿岩台车"成功应用于
"宝坪高速秦岭天台山特长隧道"

生产的五新隧装全电脑三臂凿岩台车产品主要用于公路、铁路、水利水电工地的隧道、隧洞开挖施工，具有爆破孔、锚杆孔、灌浆孔的定位、钻眼、反馈、调整等功能，也可以用于装药、安装锚杆、灌浆、安装风管等高空作业。最大覆盖面积154m^2，设备一次定位可满足高铁全断面施工要求，由计算机软件绘制转孔参数规划图，通过全站仪定位测量设备坐标参数，控制设备按照预定方案，设备自动校准和钻进，提升了工作效率，降低了劳动强度，且挖掘质量高。

智能化新技术的使用，一方面降低了在恶劣环境下人员施工的强度，另一方面提升了工作效率，降低了施工成本。

思考问题1：施工设备如何实现信息化？

思考问题2：一个智能化施工设备管理有哪些组成部分？

8.1 建筑施工智能化机械与装备的信息化管理的主要内容

网络化、数字化、智能化是时代大潮，潮流来了跟不上就会落后，就会被淘汰。面对发展大潮，抓机遇，加大创新投入，着力培育新的经济增长点，实现新旧动能转换。建筑施工机械装备信息化与工业化融合新机遇，是企业应该加大投入实现动能转化的领域。2019 年政府工作报告提出了"深化大数据、人工智能"等研发应用，打造工业互联网平台，拓展"智能＋"，为制造业转型升级赋能。2020 年 7 月，住房和城乡建设部联合多部委印发《关于推动智能建造与建筑工业化协同发展的指导意见》，这对国内建筑行业信息化水平发展具有重大推动作用。

建筑施工智能化是指在建筑施工过程中应用先进的信息技术和自动化技术，以实现施工过程的智能化、自动化和数字化。通过引入智能化技术，能提高施工效率、减少人为错误、降低成本、优化资源利用、提升施工质量和施工安全性。同时，它也面临一些挑战，如实施的技术难度、存在的安全风险、投入智能化设备的成本和技术人员培训等。然而，随着技术的不断进步和应用的拓展，建筑施工智能化的前景十分广阔，将在未来对建筑施工产生深远的影响。

8.1.1 信息化管理的目标与管理制度

为保障优质高效地顺利完成建筑施工建设任务，同时加强施工机械装备标准化管理水平，提高企业装备技术装备及综合管理能力，提升企业的竞争力；充分发挥施工机械装备的最大效率，一般施工管理单位会根据国家相关管理规定，制定相应的管理目标与管理制度。

建筑施工智能化机械与装备管理的基本任务包括以下 7 点：

1）机械装备选型与配置：根据项目需求和施工工艺，选择适合的智能化机械与装备，并进行合理的配置，确保施工过程的顺利进行。

2）机械装备运行管理：对已配置的机械装备进行监控、维护和管理，确保其正常运行，提高装备利用率和效能。

3）施工流程优化与控制：通过智能化系统，对施工流程进行优化分析和控制，提高施工效率和质量，减少资源浪费。

4）数据采集与分析：收集机械装备及施工过程的数据，并进行分析，为项目决策提供依据，提高施工管理水平。

5）施工安全监测与控制：利用智能化技术对施工安全进行监测与预警，及时处理安全隐患，确保施工安全。

6）信息传递与协同管理：通过智能化系统，实现机械装备之间、装备与施工人员之间的信息传递和协同管理，提高工作效率和沟通效果。

7）培训与技术支持：为施工人员提供机械装备操作培训和技术支持，提升他们的技能水平，确保机械装备的正确使用和维护。

通过完成这些基本任务，建筑施工智能化机械与装备管理可以有效提高施工效率和质量，降低成本和风险，推动建筑行业的现代化发展。

建筑施工智能化机械与装备管理的目标是通过应用现代信息技术和智能化系统管理机械装备，提高施工效率、降低成本、增加安全性，并实现可持续发展，具体目标如下：

1）提高施工效率：通过智能化机械和装备管理，可以实现施工过程的自动化、数字化和集成化，减少人工操作和人为错误，提高施工效率，缩短项目工期。

2）降低施工成本：智能化机械和装备可以减少人工劳动，降低人力成本；同时，通过数据分析和优化调度，可以实现资源的合理利用，降低材料和装备的浪费，从而降低施工成本。

3）提升施工质量：智能化机械和装备可以提供更精确、稳定和高效的施工过程，减少工程质量问题和缺陷出现的可能性，提高工程质量和可靠性。

4）提高施工安全性：智能化机械和装备通过自动化和遥控操作，减少人员直接接触危险环境的机会，降低施工安全风险，保护工人的生命和健康。

5）实现可持续发展：智能化机械和装备可以通过能耗监测、智能资源调度和环境监控等功能，帮助实现施工过程的节能、减排和环保，促进建筑施工行业向可持续发展方向转型。

通过智能化机械和装备管理，可以提高建筑施工效率和质量，降低成本和风险，推动建筑行业的现代化和可持续发展。

为了规范和管理建筑施工过程中智能化机械与装备的选择、配置、运行和维护等过程，以确保施工生产顺利进行，提高整体效益，需要规范公司施工机械和装备管理工作，制定科学的规章管理制度，相关制度描述如下：

1）机械装备选型与配置制度：明确机械装备的选择原则和标准，根据施工需求对机械装备进行分类、评估和筛选，制定合理的机械装备配置方案。

2）机械装备采购与验收制度：规定机械装备的采购流程和程序，包括招标、评审、合同签订等环节，并确保机械装备达到预期要求进行验收。

3）机械装备运行管理制度：规定机械装备的使用、操作、保养和维修等管理要求，包括机械装备使用规程、装备维护计划、装备故障处理等内容。

4）施工流程优化与控制制度：确定施工流程优化的原则和方法，规定施工流程控制的各项指标和标准，以提高施工效率和质量。

5）数据采集与分析制度：规定机械装备和施工过程数据的采集方法和频次，并对数据进行分析和利用，为施工决策提供依据。

6）施工安全监测与控制制度：制定安全监测的流程和方法，建立安全预警机制，规定应急处置程序和责任分工，确保施工安全。

7）信息传递与协同管理制度：确立机械装备之间、装备与施工人员之间信息传递和协同管理的机制，包括装备间通信系统、工作流程规范、沟通协调机制等。

8）培训与技术支持制度：规定施工人员的培训计划和方法，提供机械装备操作培训和技术支持，以提升人员的技能水平。

其中的具体制度可根据实际情况进行调整和完善，以确保机械与装备的合理使用和管理，提高施工效率和质量。

8.1.2　信息化管理的主要内容

建筑施工智能化机械与装备信息化管理的主要内容是围绕装备的全生命周期展开，通过建立智能化机械与装备的统一管理平台，实现装备的集中管理、数据共享。其具体的内容包括装备的信息管理、状态监控、维护与保养、故障管理、数据分析和报表生成等功能，对提高装备的管理效率，降低维护成本，保障施工安全和工程质量起到重要的作用。

1. 装备档案管理

建立智能化机械与装备的档案，包括装备信息、技术参数等，用于全面了解和管理装备的使用情况，如装备的名称、型号、规格、出厂日期、产地等信息，便于对装备进行准确识别和区分；技术参数则包括装备的功率、额定载荷、工作速度、动力源、能耗等技术指标，能够提供装备性能的参考依据；维护则包括装备的维修、保养及使用等管理，如维护保养包括维护保养时间、内容、责任人等信息，以便及时进行装备的预防维护和定期保养。

2. 装备位置追踪与监控

通过物联网、传感器等技术手段，实时监控智能化装备的位置和状态，提高装备运行的安全性和可靠性，降低装备故障的风险，可以追踪装备的位置、工作时间、工作状态等信息。

如利用卫星定位系统（如 GPS）、无线定位技术（如 RFID、蓝牙定位）等，获取装备的精确位置信息，并通过信息化系统进行定位记录和管理；通过在装备上安装传感器，实时监测装备的运行状态和工作条件，例如装备的振动、温度、压力等，及时发现装备异常情况；通过定位技术和传感器数据，实现对装备位置的实时追踪。可以在信息化系统中查看装备的当前位置，了解装备的工作范围和活动情况；通过监测装备的工作时间、工作负荷、能耗等数据，实时监控装备的运行情况。可以及时发现装备的异常运行或过载工作，预防装备故障；最后可根据装备监测数据和运行状态，设定相应的报警和预警条件。当装备出现异常时，系统会及时发出警报，通知相关人员进行处理。

远程参数调整与优化：通过远程操作控制系统，可以对建筑施工智能化机械与装备的运行参数进行调整和优化。例如，对设备的速度、温度、压力等参数进行远程调节，以最大限度地提高设备的性能和效率。远程控制与自动化：通过远程操作控制系统，可以对建筑施工智能化机械与装备进行远程控制和自动化操作，如开关机控制、工作模式切换、任务调度等。通过远程控制，可以减少操作人员的工作量，提高操作的便利性和效率。

3. 装备使用与调度计划

通过信息化系统，对智能化装备的使用情况进行计划和调度，合理安排装备的使用时间和位置，最大限度利用装备，提高施工效率。

装备需求分析：对施工项目的具体要求进行分析，确定需要使用的机械与装备类型、数量和规格，以及使用时间和工作场所等。装备资源调度：根据项目进度和施工计划，利用信息化系统进行装备资源的统一管理和调度，避免装备资源的冲突和浪费。编制使用计划：根据项目进度和施工要求，制定机械与装备的使用计划，包括装备的启用时间、使用时长、使用地点等信息，以确保装备在需要的时间和地点准备就绪。调度优化与协调：根据实际施工情况和装备资源的变化，对装备使用与调度计划进行优化和调整。通过合理协调和合作，最大限度地提高装备的利用率和效率。

4. 装备维护与保养管理

建立装备维护计划，通过信息化管理系统提醒维护保养时间，及时检查装备状态、更换零部件，延长装备使用寿命。

制定维护计划：根据装备的使用情况和生产制度，制定详细的维护计划，包括定期保养、检修和维修等，明确维护周期和内容。实施定期保养：按照维护计划，定期对装备进行保养，包括清洁装备、润滑部件、调整参数等，防止装备在工作过程中产生故障。定时检查装备：定期对装备进行检查，发现潜在故障，及时进行修复或更换损坏的部件，可以利用传感器监测装备的工作状态，提前发现装备的异常情况。预警和维修：通过监测装备的运行数据和状态，建立装备预警机制，一旦发现装备出现故障或异常情况，及时预警并安排维修。培训技术人员：提供培训，确保技术人员具备对装备进行维护和保养的专业知识和技能，能够及时和有效地处理装备故障。应急维修准备：准备必要的备件和工具，以备装备突发故障时能够迅速进行维修和更换。

5. 装备故障与异常监测

通过智能化系统，对装备进行故障和异常监测，在装备发生故障或异常时，及时预警，并进行相应处理，保障施工安全和质量。

传感器监测：通过安装传感器监测设备的运行状态，如振动、温度、压力、电流等参数。这些监测数据可以用于判断设备是否正常运行，及时发现异常情况。当传感器检测到异常情况，即时发出警报或通知相关人员。数据分析：通过对设备运行数据进行实时监测和分析，识别设备的异常模式和趋势。借助数据分析算法，可以预测设备未来可能的故障，提前做出相应的维修计划。故障诊断：利用数据分析技术对设备的运行数据进行处理和分析，以识别设备的故障模式和趋势。通过对故障的准确诊断，可以及时采取相应的维修措施，避免故障进一步扩大。预测与预警：通过数据分析和模型建立，对设备的运行状态进行预测，提前发现可能的故障或异常情况。基于预测结果，可以制定相应的维护计划和维修策略，提高设备的可靠性和使用寿命。异常报警与通知：当设备出现故障或异常情况时，及时触发报警信号，并通过通知系统通知相关工作人员。这样可以实现快速响应和处理，减少设备停机时间，并避免对施工进度的影响。图像识别：

利用摄像头等设备监测设备表面的裂纹、磨损程度等情况，通过图像识别技术分析图像数据，判断设备的工作状态，及时发现异常情况。声音识别：通过麦克风或声音传感器实时监测设备产生的声音，通过声音识别算法分析声音数据，判断设备的工作情况。这可以有效地检测到设备异常的声音信号。

6. 装备性能数据采集与分析

通过智能化系统，收集装备的工作数据，包括工作时间、工作负荷、油耗电耗等，进行数据分析，优化装备管理和使用，以评估设备的运行状态和性能表现。常见的数据采集和分析方法如下。

数据采集：通过各类传感器，监测设备的各种参数数据，如振动、温度、压力、电流、转速等。传感器可以实时采集数据并传输到数据采集系统进行记录和分析。常见的传感器包括：振动传感器、温度传感器、压力传感器等。运行日志记录：设备运行时，通过记录设备的工作状态、运行时间、故障报警等运行日志，采集设备性能数据。这些日志可以提供设备运行历史和异常情况的信息分析。

远程监控系统：通过建立物联网系统和云平台，将设备的运行数据实时传输到远程监控中心。监控中心可以实时接收和记录设备性能数据，并通过数据分析算法进行分析和处理。数据存储与管理：对采集到的设备性能数据进行存储和管理，包括建立数据库、数据仓库和备份等，以确保数据的安全性和可靠性。

数据分析与处理：对采集的性能数据进行分析和处理，通过机器学习、数据挖掘等技术手段，提取有价值的信息和指标，如趋势分析、故障诊断、预测模型建立等工作，以评估设备性能和预测设备的运行状况。可视化展示：将分析处理后的数据结果可视化展示，通过图表、报表等形式，直观地显示设备的性能指标、工作状态和趋势变化，以便用户、维护人员等能够更直观地了解设备运行情况。

8.1.3 信息化管理的相关技术

建筑施工智能化机械与装备信息化管理系统涉及多种技术，常见技术如下。

1. 物联网技术

未来，以物联网、大数据、云计算为代表的信息技术的深化应用，将成为提升施工机械行业的强大力量。通过物联网技术，将建筑施工智能化机械与装备与网络连接起来，实现设备的远程监控、数据采集与传输。物联网技术包括传感器、数据通信、云平台等技术，可以实现设备的状态感知、数据采集、远程控制、系统集成等功能。

2. 传感器与传感器网络技术

随着集成电路的发展和成熟，低成本、低功耗的微型传感器的大量应用成为可能，从过去的单一化逐渐转向集成化、微型化和网络化方向发展。

传感器网络是由大量分布式传感器节点组成的面向任务型自组织网络，其目的是协作的感知、采集、处理和传输网络覆盖地理区域内感知对象的监测信息。网络中的节点由传感、数据处理和通信等功能模块构成，通常安装在被测对象的内部或附近，通常尺寸很小，具有低成本、低功耗和多功能等特点，目前传感器网络已发展至第四代的无线传感器网络，它强调无线通信、分布式数据检测与处理以及传感器网络，具有低成本、易于部署与维护、容错性和抗干扰性强和较好的协同计算性。

3. 多传感器信息融合技术

多传感器信息融合技术是对多种信息的获取、表示及其内联系进行综合处理和优化的技术。多传感器信息融合是采集来自多个传感器或多源信息和数据后，利用计算机相应的模型进行智能化处理，从而获得更为全面、准确和可信的结论。其融合过程描述为：多传感器对生产环境，如施工现场的施工机械或装备进行信号检测，将获得的非电信号转换电信号后，再经过 A/D 转换为能被计算机处理的数字量，数据预处理用以滤掉数据采集过程中的干扰和噪声，然后融合中心对各种类型的数据按适当的方法进行特征提取和融合计算，最后得到结论。多传感器信息融合过程如图 8-1 所示。

图 8-1　多传感器信息融合过程图

多传感器信息融合可以提高系统容错性、检测精度、实时性以及经济性。信息的数据融合可分为三个层次的融合，分别是数据级融合、特征级融合和决策级融合，其融合原理分别如图 8-2、图 8-3 和图 8-4 所示。

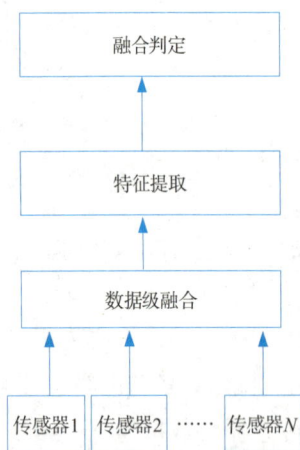

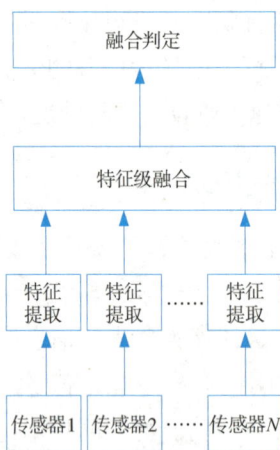

图 8-2　数据级融合　　　　图 8-3　特征级融合　　　　图 8-4　决策级融合

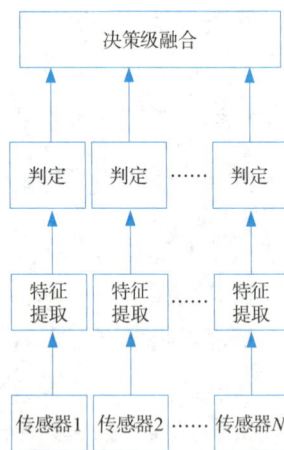

其中，数据级融合也称为低级或像素级融合，其原理是将全部传感器的数据进行融合，再从融合后的数据中提取特征向量，并进行判断识别。该方法的缺陷是各个传感器是同质的，即传感器采集的是同一个物理现象，如果遇到异质类型的传感器，则不能使用这种融合方法，而应该使用特征级融合方法，此外该方法性能较差、数据处理成本较高。

特征级融合也称为中级或特征层融合，它是对来自不同的传感器分别进行特征提取，最后再进行特征级融合，对特征信息进行综合分析和处理，该方法的性能要高于数据级融合。

决策级融合也称高级或决策层融合，是目前应用最广泛的一种方法。不同类型的传感器采集同一个目标，每个传感器在本地完成基本的处理（包括预处理、特征抽取、识别或判失）并建立对所观察目标的初步结论，然后通过关联处理进行决策级融合判决，得出最终的联合推断结果，该方法比其他两种方法更精确。

多传感器信息融合进的结构模型可分为串行融合、并行融合与分散式融合三种结构，其结构如图 8-5 所示。

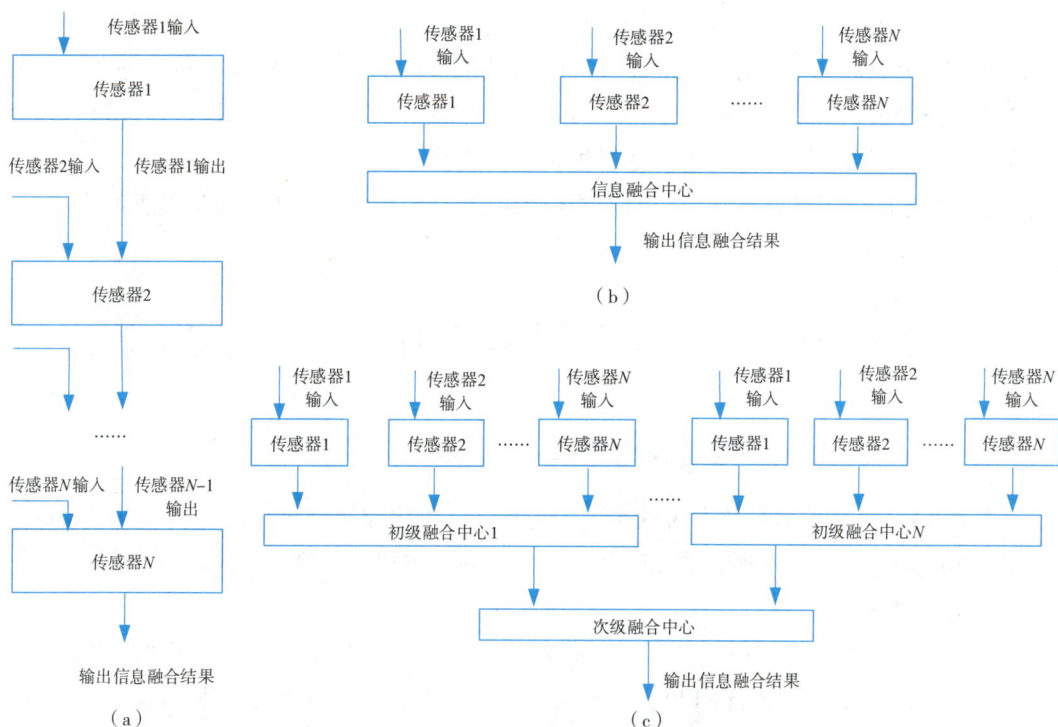

图 8-5　多传感器信息融合结构

（a）串行融合结构；（b）并行融合结构；（c）分散式融合结构

多传感器信息融合的方法较多，常见的有人工智能方法（如专家系统、模糊集合理论等）、信息论方法（如聚类分类算法、神经网络方法、熵理论方法等）以及统计方法（如古典概率推理、贝叶斯法、D-S 证据理论等）。

利用数据处理技术对采集到的数据进行处理和分析后，可用于施工设备的状态监测、故障诊断、预测维修等。

4. 云计算与大数据技术

利用云计算平台，建立建筑施工智能化机械与装备的数据中心，将大量的数据进行集中储存与管理。通过大数据技术，对存储的数据进行分析和挖掘，提取有价值的信息，支持设备的运维决策、故障预测等。

5. 远程监控与操作技术

通过远程监控与操作技术，实现对建筑施工智能化机械与装备的远程监控与操作。通过网络连接和远程控制系统，可以实时获取设备的运行状态、控制设备的参数、调整设备的工作模式等。

6. 数据安全与隐私保护技术

在建筑施工智能化机械与装备信息化管理系统中，保障数据的安全性和隐私性是非常重要的，采用加密、身份验证、访问控制等技术，确保数据的安全性，并遵守相关法律法规，保护用户的数据隐私。

7. 可视化与人机交互技术

管理系统通常具备友好的用户界面和交互方式，通过可视化技术，将设备状态、监控图像、报警信息等以直观的方式呈现给用户。同时，人机交互技术使用户能够方便地与管理系统进行交互，操作设备、查看报表等。

上述技术的应用可以提高设备的智能化管理水平，提高施工效率和工程质量。

8.2 建筑施工智能化机械与装备的信息化管理的应用案例

8.2.1 信息化系统的管理功能

根据 8.1.2 小节的信息化系统的主要内容描述，确定建筑施工智能化机械与装备的信息化管理的功能为用户管理、功能管理、装备管理、运营管理等功能模块。

1. 用户管理

用户管理信息系统一般是多用户、多角色、多功能的综合系统，为了更好地使用信息系统，必须设置使用的部门和员工，每个员工按照岗位或角色的不同权限操作系统，这样系统就会记录来自于不同部门的员工以不同的角色登录系统，从而操作分配不同权限，做到分工明确，职责分明。其中部门管理是对企业各个部门的信息维护，涉及的部门信息包括部门编号、部门名称、负责人、详细的地址及联系方式等；员工管理主要登记各部门的员工详细信息，包括员工编号、姓名、性别、职称、工种、入职日期、技能、学历等；角色管理是指企业中的各种岗位，如设备管理员、施工经理、项目经理、修理工、操作工等，角色信息包括角色名称、工作职责等；用户角色分配管理是将用户与角色相关联，一个用户可是多个角色，一个角色也可分配给多个用户，如图 8-6 所示，图中方框表示实体，椭圆表示实体的属性，菱形表示实体与实体之间的联系，联系两端有基数，基数用 1、2…N 表示，如用户与角色之间的关系是多对多的联系，在数据库实体关系图中用 $M:N$ 表示。

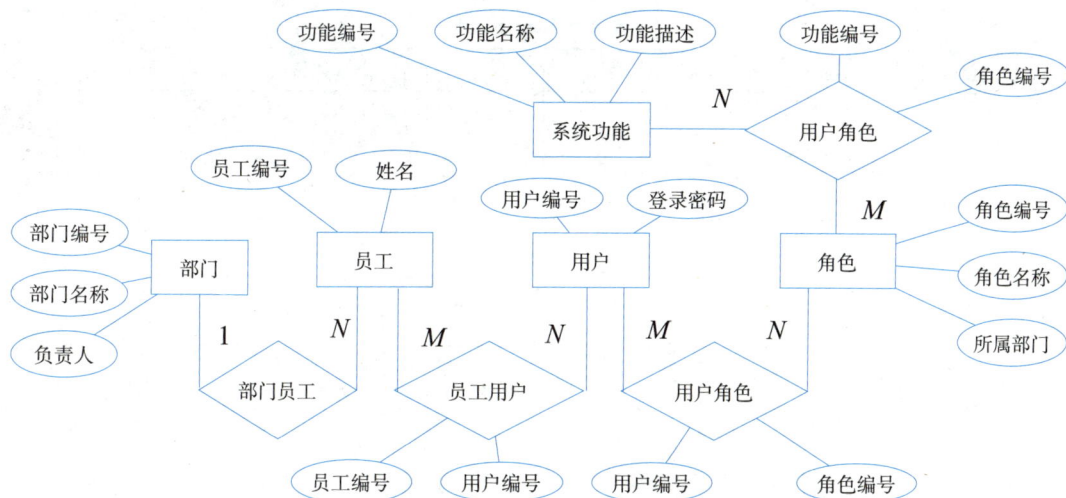

图 8-6 用户管理与功能管理数据库实体关系图

2. 功能管理

由于系统有诸多的功能，需要管理平台进行统一的管理，可随时增加新的功能和删除废弃的旧功能。功能信息包括功能编号、功能名称、功能描述、功能版本等；功能权限分配管理功能是将功能分配给特定的角色，如装备部经理有装备资料审核权限，这样某个用户以某个角色登录系统就可以使用分配到的功能。

3. 装备管理

装备管理可分为装备分类管理、供应商管理、装备资料管理等功能。其中建筑施工企业的设备品种繁多，包括桩土机械、土石方机械、起重机械、运输机械、混凝土机械、钢筋加工机械等，按体积分为小型、大型和重型，按控制方式又分为手动、电动和遥控等，施工装备的分类设置为三维数字码规则，由 1 位大类码加 2 位顺序号构成，如图 8-7 所示，装备分类编码示例如表 8-1 所示，表中只列出了部分的装备。

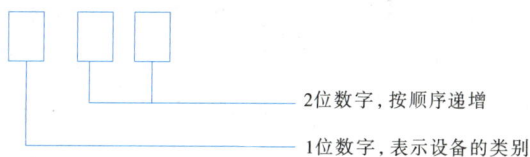

2 位数字，按顺序递增
1 位数字，表示设备的类别

图 8-7 装备分类编码规则

供应商管理主要对设备的供应单位的信息进行维护，涉及的信息包括供应商编号、名称、联系人、联系方式、地址、信誉度以及供应的产品情况等。装备资料管理是重要的功能，提供给其他功能基础数据，包括设备的资料登记、审核、修改、查询和统计功能。设备信息包括设备资产编号、设备名称、设备类别、设备型号、购置价格、购买日期、折旧年限、供应商、设备状态等。其中设备名称，如挖掘机、起重机、混凝土搅拌机等；设备规格表示设备的具体参数和技术规格，如功率、载重能力、施工尺寸等。

4. 运营管理

运营管理是管理信息系统的核心功能，主要包括数据采集与分析、远程监控管理、故障诊断与预测、调度管理、维修与保养管理。

装备分类编码示例　　　　　　　　　　　　　　　　表 8-1

分类名称	分类编号	设备名称	规格
土石方机械	101	履带挖掘机	m^3
	102	推土机	kV
	103	履带拖拉机	kV
动力机械	201	电动空压机	m^3/min
	204	柴油机	kV
起重机械	301	塔式起重机	t·m
	305	内燃轨道吊	t
	310	卷扬机	t
运输机械	402	自卸汽车	t
	404	水槽汽车	L
混凝土机械	501	混凝土搅拌机	L
	502	砂浆拌合机	L
基础水工机械	601	蒸汽打桩机	t
金切机床	828	滤油机	kg/h
检测设备	901	燃油泵试验台	—
	906	材料试验机	—
线路设备	010	沥青搅拌站	—

　　数据采集与分析功能主要通过传感器采集装备的振动、温度、压力、电流、转速等数据，并经过规范化后存储到数据库中，通过数据分析算法，借助于可视化技术，得到装备的有效运行趋势、运行状态。数据采集表包含的信息为传感器编号、传感器名称、传感器类型、安装位置、测量时间、测量对象、测量值和状态。

　　采用状态监测技术，通过对所采集的设备监测信息进行比较、分析，针对故障的产生原因和变化趋势，并结合设备检测管理制定科学、合理的检修计划，提出解决方案和决策支持。

　　装备远程监控管理由物联网平台进行统一管理，将设备的运行数据通过物联网实时传输到数据中心，数据的格式包括设备编号、运行时间、运行参数、实际值等，其中运行参数包括振动、温度、压力、湿度、电流、转速和振动等。

　　故障诊断与预测通过机器学习、算法模型等方法，对实时数据进行处理，对设备的运行状态进行故障诊断与预测，并将结果进行可视化展示，供决策人员分析。

　　装备调度管理功能根据项目需求、装备工作负荷和人力资源等因素进行合理制定，以确保装备的合理利用和高效运行。调度信息包括装备编号、装备名称、调度日期、调度时间、调度目的、负责人和备注等。

　　维修与保养管理用于装备的故障维修记录以及设备的保养记录登记，确保设备的正常使用。装备维修信息包括设备名称、保养日期、保养内容、保养人员和备注等。

查询与统计功能：用户可以按设备编号、设备名称、设备分类、购置日期、生产厂家、购置价格、折旧年限查询装备的基础信息、运行信息、故障信息、维修信息、状态信息。统计报表有设备台账、设备租赁报表、设备运行报表、施工机械完好报表、利用情况月报表、年报表、设备处置或变动报表、闲置设备汇总表与明细表、转让设备统计表、调拨设备统计表、报废设备统计表、封存设备台账，施工机械月报表、季度报表、年报表及其他业务报表等，某施工设备故障统计如图 8-8 所示。

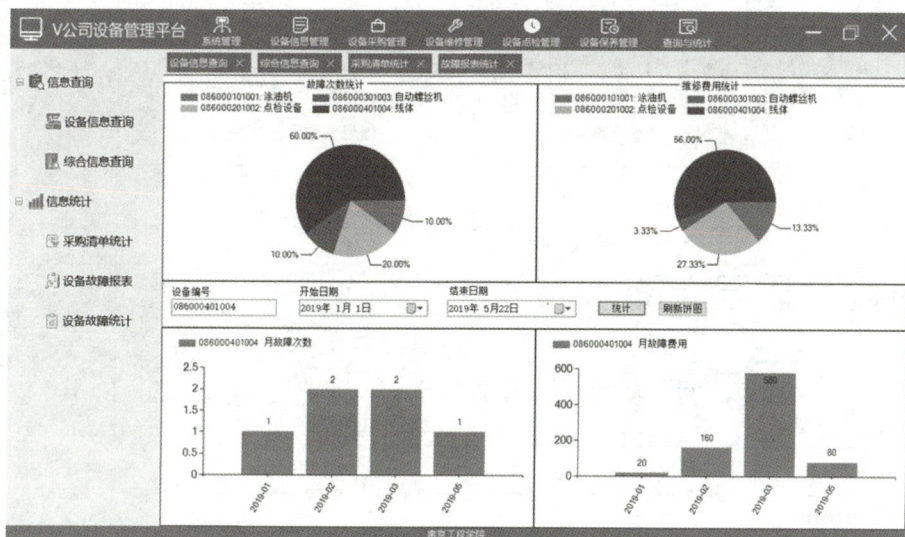

图 8-8　某施工设备故障统计图

其他功能如注册、登录、密码更改等功能在此不再赘述。

8.2.2　信息化系统的总体架构

为了实现智能化机械装备的信息化管理系统，可设计图 8-9 所示的信息化系统的总体架构。该架构从底层到顶层依次包括施工资源、生产现场传感器配置、传感器管理、施工装备的数据采集与传输、智能分析、故障诊断、施工装备信息化服务等。

1. 施工资源

施工资源位于系统的最底层，包括人员、装备、物料、在制品等，是物理空间的实体。

2. 生产现场传感器配置

建筑施工过程涉及物料、设备、人员、库存、在制品、施工质量等信息，需要配置传感器以获取这些数据，不同的传感器监测对象不同，测量的数据类型也不同，需要对传感器进行选择。例如物料信息的获取可以使用 RFID 阅读器来完成，施工尺寸方面的检验可以通过红外距离传感器来完成。不同的传感器具有不同的通信方式、连接端口、感知距离。

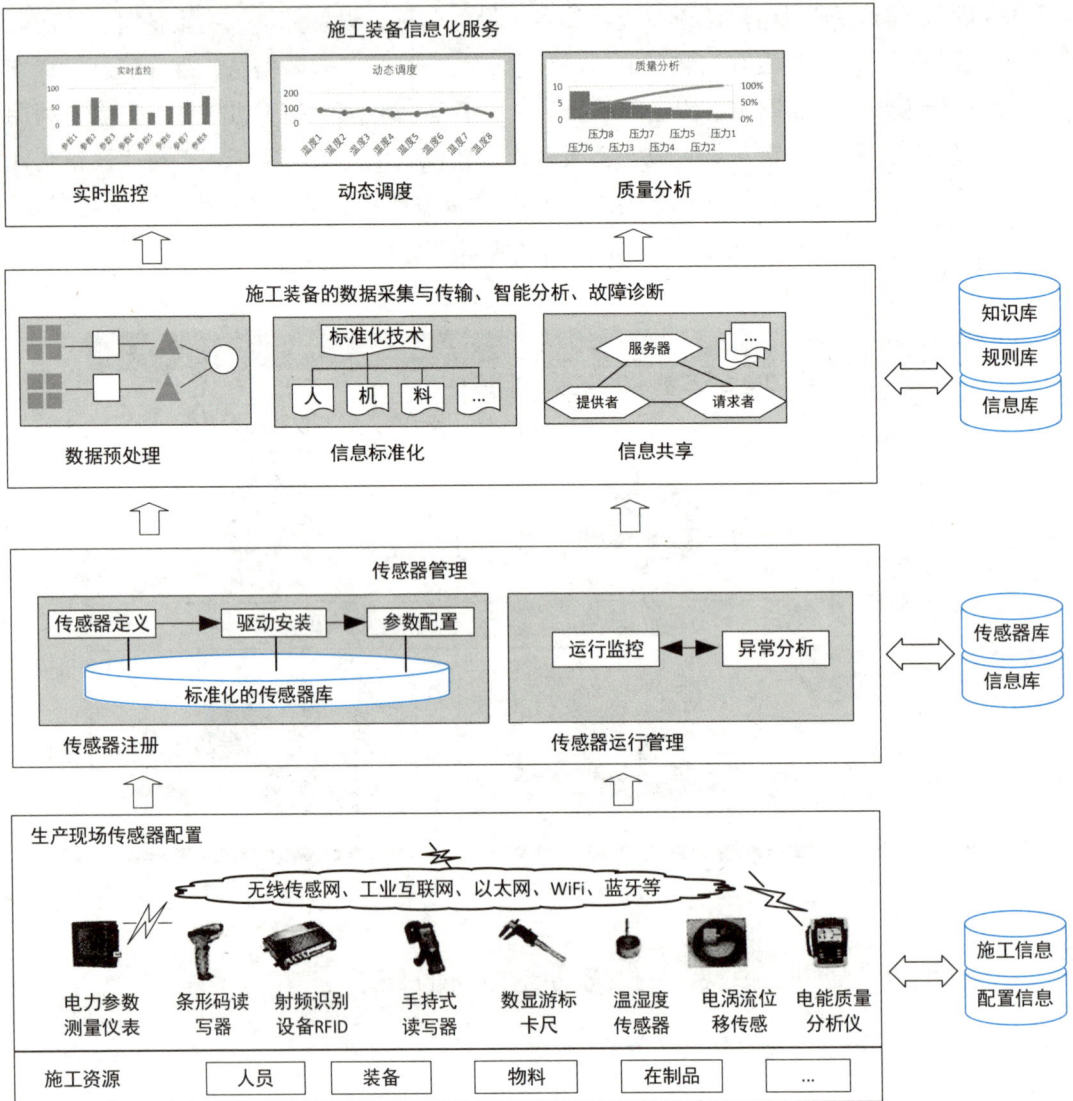

图 8-9　施工智能化装备信息系统的总体架构图

3. 传感器管理

新购买的传感器需要注册，进行驱动安装和参数配置才能使用。传感器配置后，需要依据各传感器本身的参数与驱动模式进行调整，才能实现采集数据的功能。此外，需要管理各种传感器的运行，并进行异常分析评估，保证传感器稳定可靠地运行。

4. 施工装备的数据采集与传输、智能分析、故障诊断

数据采集与传输是面向施工资源，通过配置的各类传感器和无线网络，采集多源施工数据，在传感器管理功能的支持下，为各类传感器在异构通信网络环境下主动地感知和传输各类施工资源的实时运作活动提供服务，以实现物理施工资源的互联、互感，确保施工过程多源信息的实时、精确和可靠获取。

在感知到的多源施工数据基础上，建立施工运作服务状态（如动态队列、服务负荷、服务流程状态、设备能耗、施工质量等）与感知事件间的映射关系，从而能够通过感知的事件理解施工服务的状态，提高施工资源的透明性和自身的感知交互和主动发现能力，提升施工服务的决策能力和智能水平。

智能分析是指施工活动智能导航、智能物料精准配送、施工运行系统自组织配置以及施工运作分析诊断。在施工资源智能化的基础上，可以实时获取设备的状态，通过施工活动智能导航，将施工任务实时、准确地和相应的施工资源匹配。智能物料精准配送是运输设备通过接任务，完成配送任务，将物料在准确的时间送达准确的地点。为了应对计划变更、设备故障等问题，施工单元通过感知运作系统实时状态，主动发现任务，并进行动态配置，减少管理人员的调度工作量。系统分析诊断是通过对运作系统中的关键事件建模，基于决策树实时分析施工过程性能，从而及时消除运作系统出现的故障。

5. 施工装备信息化服务

面向施工企业的不同用户，从利用施工现场的多源信息以实现施工运作过程的优化管理的角度出发，通过提供施工资源实时监控服务、生产任务动态调度服务、物料优化配送服务、施工过程监控及协同服务、施工质量实时监控诊断服务、智能系统运行协同优化服分以及与其他系统集成服务等。

数据服务中心主要从数据、信息和知识的层面，为智能化信息系统的运行提供随用随到的信息服务，主要包括传感网配置信息、传感器注册信息、施工过程实时数据、施工资源信息，用于系统决策服务的知识库、规则库和信息库等。

8.2.3　信息化系统常见的开发技术及工具

1. C# 编程语言

C# 编程语言是由微软公司开发的一种面向对象的、运行于 .NET Framework 之上的高级程序设计语言。它是一种简单的、稳定的、安全的由 C 和 C++ 衍生出来的编程语言。它在继承 C++ 和 C 强大功能的同时删除了它们的一些复杂特性。C# 通过简练的语法格式、强大的操作方式和便捷的面向组件编程的支持成为 .NET 开发的首选语言，.NET 框架类库如图 8-10 所示。

.NET 框架中的 Windows Forms 是客户端用于创建传统的桌面级 Windows 应用程序的基本工具，为用户提供丰富控件的人机交互接口，开发的界面友好、美观，图 8-11 显示的是施工机械装备管理窗口。

一个更美观的设备管理界面如图 8-12 所示，该界面功能能提供施工设备生成二维码、条码，可以进行打印并粘贴到物理设备上，供扫码仪器扫描读取设备的详细信息，减少手工输入的错误，提高输入的效率。设备在运行时有不同的状态，比如正常运行、带病运行、待机停休、停用，甚至报废状态，我们如何在海量的设备信息快速查看、管理所有设备状态，这些只需在「可视化看板」即可轻松解决。看板不局限于设备管理，也可用于项目管理、部门工作管理、人员管理等。

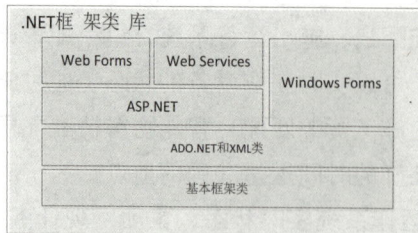

图 8-10　.NET 框架类库

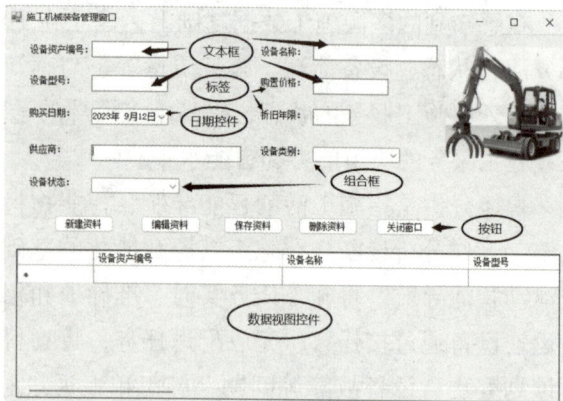

图 8-11　施工机械装备管理窗口

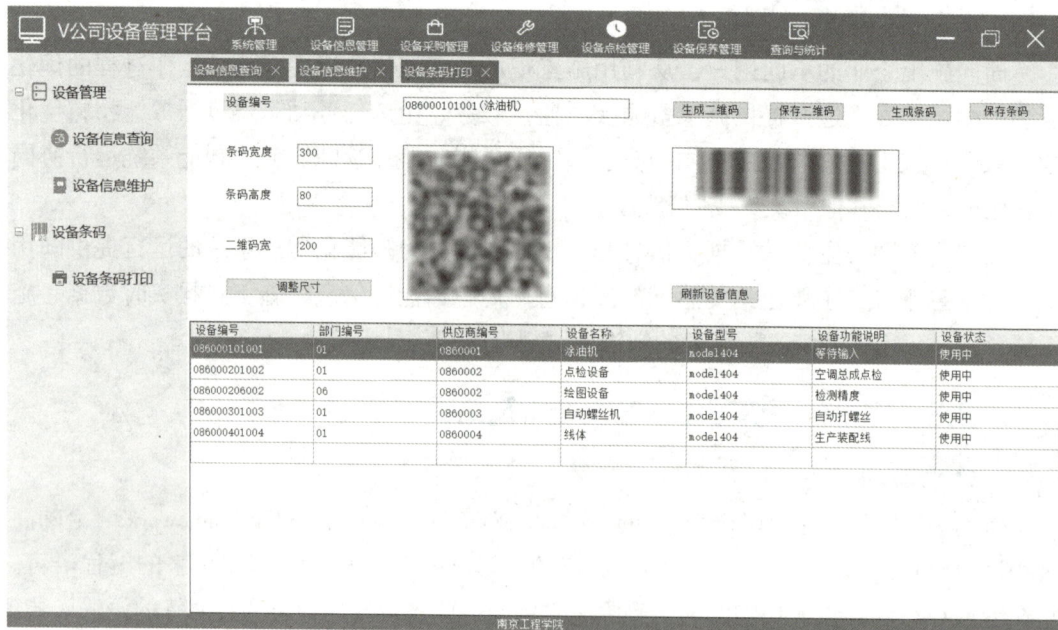

图 8-12　设备管理界面

2. B/S 结构

B/S 结构是 Browser/Server 结构的缩写，相对于 C/S 结构而言，也称为浏览器服务器结构，是一种典型的基于网络的客户端与服务器端的分布式体系结构。该结构的主要特点如下：

1）采用浏览器作为客户端，无须安装客户端软件，降低了客户端的维护和更新成本；

2）服务器处理所有的请求和计算，对客户端来说，只需进行简单的显示工作，因此，客户端不需要具备很高的计算能力；

3）服务器与数据库紧密协作，可以实现高并发、大容量的数据处理和存储。

3. MVC 架构体系

MVC（Model View Controller）是软件工程中的一种软件架构模式，它将软件系统分为模型、视图和控制器三个基本部分，用一种业务逻辑、数据、界面显示分离的方法组织代码，在修改界面同时，不影响业务逻辑，从而降低了系统耦合性，方便维护，利于多人分工协作，系统重用性高。MVC 中的 M 表示 Model 模型，一般指 Javabean 组件，主要完成具体的业务操作，如对后端数据的增加、修改、删除和查询操作；V 表示 View 视图，一般指 JSP、HTML 等组件，主要用来进行数据展示，与用户进行交互；C 表示 Controller 控制器，如 Servlet 组件，其功能为获取 View 的请求，调用模型并将数据传给视图进行展示。MVC 组件一般部署在 Web 服务器中，MVC 原理如图 8-13 所示。

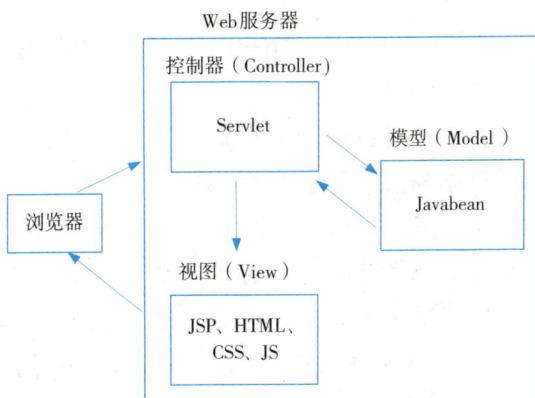

三层或多层架构就是将整个业务应用划分为表示层、业务逻辑层、数据访问层或实体层，在软件体系架构设计中，分层式结构是最常见，也是最重要的一种结构。分层的目的是实现"高内聚低耦合"的解耦思想，降低开发难度，提高开发效率，其对应的 MVC 关系如图 8-14 所示。

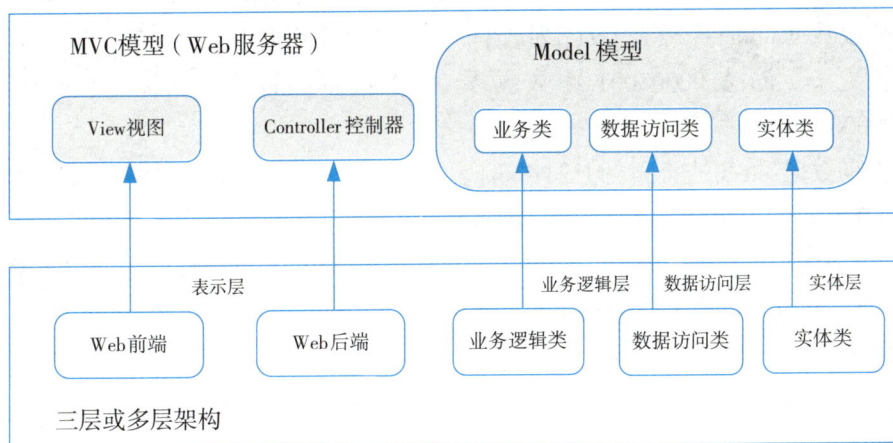

图 8-13 MVC 原理图

图 8-14 三层架构与 MVC 模型之间的对应关系

4. MySQL 数据库技术

MySQL 数据库作为一种轻量级的关系型数据库管理系统，被广泛应用于网站、企业、科研等领域，具有以下优点。

1）开源免费：MySQL 数据库采用 GPL 协议，作为开源软件，免费提供给个人和公司使用。

2）跨平台支持：MySQL 数据库支持多种操作系统，包括 Windows、Linux、Mac OS 等，可以跨平台使用。

3）高效稳定：MySQL 数据库使用的索引技术和数据存储结构使得其访问速度快，同时具有很高的稳定性和可靠性。

4）安全可靠：MySQL 数据库提供了完善的身份验证和权限管理机制，可以保证数据的安全性和完整性。

5）可扩展性强：MySQL 数据库具有很好的可扩展性，可以支持大规模数据存储和高并发访问。

MySQL 数据库是一种高效、稳定、安全、可扩展的数据库管理系统，适用于各种规模的网站和信息管理系统的数据库端建设。

数据库应用过程一般包括业务流程分析、数据库分析、数据库设计（概念设计、逻辑设计和物理设计）、数据库实现等过程。

常见的 MySQL 数据库 SQL 语句如下：

1）创建数据表语句，create table [表名]（字段 1 属性，字段 2 属性…）。

例如创建员工表及相应字段及属性 create table emp（eid char（8）primary key not null，ename varchar（10）…）。

2）增加数据 insert into [表名] values（'列 1 值'，'列 2 值'…）。

例如输入一条员工数据 insert into emp values（'00000001'，'张三'…）。

3）删除数据 delete from [表名] where [列名]=''列值'。

例如删除员工表中张三的数据 delete from emp where ename=''张三'。

4）修改数据 update [表名] set [列名]='值' where [列名]=''列值'。

例如更新 emp 表 00000001 号数据员工名 update emp set ename=' 李四 'where eid=''00000001'。

5）查询数据 select[查询目标 1…] from [表名 1，表名 2…] where [条件 1 and 条件 2…]。

例如查询 emp 表所有信息 select*from emp。

对于一般的中小型企业来说，MySQL 提供的功能已经绰绰有余，且由于 MySQL 是开放源码软件，因此可以大大降低总体拥有成本。

5. 后台主框架技术

目前，后端开发的主框架采用 SpringBoot，它基于微服务架构的思想，一个 SpringBoot 工程代表一个微服务，专门负责一个模块的运行服务，最适合用来开发大型分布式项目。它简化了当下 Spring 框架的开发过程，采用配置类的结构代替 XML 文件配置，减少了相当繁琐的文件配置，甚至实现零配置，能够较快地搭建开发环境，SpringBoot 能很好地集成与适配了各种第三方框架，例如 MyBatis、Shiro 等。

控制层采用的 SpringMVC 框架，用来替代原生的 Servlet，可以自动对请求参数进行封装与处理、对模板自动进行渲染与返回，能够简化与前端页面数据交互的步骤。

持久层采用的是 MyBatis 框架，它能够定制 SQL 语句以及存储过程等，它能够使用

XML 文件或者简单的注解来映射 SQL 语句到对应 Mapper 接口的方法上，实现动态 SQL 语句的查询，并且 MyBatis 支持多种数据类型的映射，使用十分便捷。

6. 后台安全框架

Shiro 是一个 Java 开发的安全框架，能够对登录的用户进行身份验证、对密码进行自定义加密、对用户进行授权以及会话管理，从而实现对前端页面以及后台数据的权限控制，Shiro 框架相对于 Spring Security 也就是 SpringBoot 自带的安全框架更易于理解，权限的控制也能细分到方法级别，很实用。

7. 前端框架

当前流行的前端框架非常多，例如 Vue.js、MiniUI 等都是十分强大、简单易用的框架，可选择 Bootstrap 作为前端页面的框架，Bootstrap 是由 Twitter 公司的设计师设计的，简单易懂，基于 HTML、CSS、JS 开发，社区开发者对其进行了设计的拓展与完善，并在此基础上进行多次更新完善，丰富的控件、封装性良好的代码使得前端页面的设计与数据交互更加快捷。

8. 数据采集与串口通信技术

该技术主要负责设备管理系统与外界各类传感器进行通信，采集施工设备的数据。在程序启动时，该模块将初始化串口通信的参数，包括波特率、数据位、校验位和停止位等。工作时该模块将循环读取串口数据，通过数据解析将采集的数据提取出来。最后，该模块将采集到的各类数据传递给数据库进行存储。

由于施工设备与传感器类型较多，需要尽可能统一数据采集模块的开发，以提升模块的兼容性和开发效率。

本章小结

本章描述了建筑施工智能化机械与装备的信息化管理任务、目标及制度；详细阐述了建筑施工智能化机械与装备的主要内容，涉及的相关技术，特别是多源信息融合技术的融合过程、融合类型和融合结构；详细描述了建筑智能化机械装备管理信息系统的应用，包括系统的功能、总体结构及若干开发技术等。

思考与习题

8-1 智能化机械装备管理目标包含哪些内容？

8-2 智能化机械装备管理制度包含哪些内容？

8-3 一个典型的施工智能机械装备管理系统有哪些功能？

8-4 简要描述施工智能机械装备管理系统的架构及各部分的主要功能。

参考文献

[1] 张映锋.智能物联制造系统与决策 [M].北京：机械工业出版社，2018.

[2] 张洪.现代施工工程机械 [M].北京：机械工业出版社，2017.

[3] 吕广明.工程机械智能化技术 [M].北京：中国电力出版社，2007.

[4] 李昕，别致，杨艳丽，等.工程机械行业智能化发展现状与趋势 [J].建筑机械，2023（567）：13–14.

[5] 周义辰，董恒尧，王云飞，等.改进遗传算法的建筑机械检测任务智能分配研究 [J].建设机械技术与管理，2023（1）：104–109.

[6] 方毅，何新初，冯新红.预拌混凝土智慧化生产系统建设 [J].建设机械技术与管理，2023（1）：24–26，34

[7] 陈雯柏，李邓化，何斌，等.智能传感器技术 [M].北京：清华大学出版社，2022.

[8] 薛俊旺.基于 Web 的煤矿设备维修管理系统研发 [J].机电工程技术，2018，47（11）：226–228.